世纪英才中职示范校建设课改系列规划教材（电工电子类）

电子产品装配基本功

蔡清水　编著

人民邮电出版社

·北京·

图书在版编目（CIP）数据

电子产品装配基本功 / 蔡清水编著. -- 北京 : 人民邮电出版社, 2012.10
世纪英才中职示范校建设课改系列规划教材. 电工电子类
ISBN 978-7-115-28355-9

Ⅰ. ①电… Ⅱ. ①蔡… Ⅲ. ①电子产品－装配（机械）－中等专业学校－教材 Ⅳ. ①TN605

中国版本图书馆CIP数据核字(2012)第115990号

内 容 提 要

本书在介绍安全用电的基础上，讲解了常用电子装配工具与电子仪器仪表的使用，电子产品装配常用材料及电子元器件的认知技巧，锡焊技术，电路图及说明书的识读，印制电路板的绘制与制作，电子电路调试的方法等主要内容。每个项目前有学习目标，项目后安排有相应的项目实训环节。

本书在选材上具有先进性和实用性，具体介绍了现代电子产品的装配和调试方法及步骤，可作为中等职业学校、技工学校电子类专业的教材，也可供各级职业培训机构培训、考工认证选用，对从事电子装配与调试的技术人员也有一定的参考价值。

世纪英才中职示范校建设课改系列规划教材（电工电子类）

电子产品装配基本功

◆ 编　　著　蔡清水
　责任编辑　丁金炎
◆ 人民邮电出版社出版发行　　北京市崇文区夕照寺街14号
　邮编　100061　　电子邮件　315@ptpress.com.cn
　网址　http://www.ptpress.com.cn
　中国铁道出版社印刷厂印刷
◆ 开本：787×1092　1/16
　印张：12.25　　2012年10月第1版
　字数：280千字　　2012年10月北京第1次印刷

ISBN 978-7-115-28355-9

定价：25.00元

读者服务热线：(010)67132746　印装质量热线：(010)67129223
反盗版热线：(010)67171154
广告经营许可证：京崇工商广字第0021号

前 言

Foreword

本书参照颁布的电子设备装接工的国家职业标准，以及当前电子技术发展的新形势，针对学生实践能力和创新能力的培养，对电子产品装配与调试所应具备的知识与技能进行了系统的介绍，目标是培养电子产品生产一线所需的技能型人才。

本书遵循“学中做，做中学”的编写思想，理论原理从简、强调具体操作，以适应生产一线技术的需求，深入浅出，通俗易懂，便于实践。书中图形和文字符号均采用现行国家标准，且每个项目的编写都遵循同一体例：学习目标，言简意赅地指明学习方向；教学内容，图（表）文相济讲授基本知识；项目实训，理论联系实际巩固所学。

本书运用了大量的实物图片和图表来介绍电子产品装配与调试技术的方法，并结合实例对技术要点进行了比较详细的说明，所叙述的内容是在实际条件下的真实显现，回答的是“干什么？怎么干？”有利于读者“学习知识，掌握技能”目标的实现。

本书由武汉市石牌岭高级职业中学蔡清水编著，武汉大学蔡博参与了编写，在本书编写过程中，得到了武汉铁路职业技术学院杨承毅的大力支持，参阅了国内外相关的文献资料，在此特致以衷心的感谢。

由于编者水平有限，书中难免存在疏漏和不妥之处，恳请广大读者批评指正。

另附教学建议学时，如下表所示。在实施中任课教师可根据具体的情况适当调整。

序 号	内 容	课时	序 号	内 容	课时
项目一	安全用电	5	项目七	电路图及说明书的识读	3
项目二	常用电子装配工具的使用	6	※项目八	电路原理图及 PCB 的设计	8
项目三	电子产品装配常用材料的认知	6	项目九	印制电路板的制作	5
项目四	常用电子仪器仪表的使用	8	项目十	电子电路的调试	8
项目五	常用电子元器件的认知	12	总 计		68
项目六	手工锡焊技术	7			

注：※表示为选学内容。

编 者

2012 年 5 月 28 日

目 录

Contents

项目一 安全用电……1
第一部分 项目相关知识……1
一、常见人体触电事故类型……1
二、安全用电技术措施……2
三、防静电措施……4
四、操作安全……7
五、仪器设备安全……9
第二部分 项目实训……10
项目二 常用电子装配工具的使用……12
第一部分 项目相关知识……12
一、螺钉、螺母旋具……12
二、钳子……14
三、低压验电器……16
四、其他工具……18
五、电烙铁……20
六、电热风枪……25
第二部分 项目实训……26
一、螺钉旋具的使用……26
二、平口钳和尖嘴钳的使用……26
三、工具的识别……27
四、拆装与测量内热式电烙铁……27
项目三 电子产品装配常用材料的认知……28
第一部分 项目相关知识……28
一、常用导线……28
二、绝缘材料……30
三、磁性材料……32
四、焊接材料……33
五、电池……36
六、常用耗材……39
第二部分 项目实训……40
一、连接有线电视插头……40
二、电子产品装配常用材料识别……40
三、常用电池的识别……41

项目四　常用电子仪器仪表的使用……43
第一部分　项目相关知识……43
一、仪表的面板结构与标志符号的意义……43
二、万用表……44
三、钳形电流表……52
四、晶体管毫伏表……53
五、低频信号发生器……54
六、示波器……54
七、逻辑笔……59
八、万用电桥……59
九、常用电源……61
第二部分　项目实训……62
一、万用表挡位/量程选择开关的使用及读数……62
二、用万用表测量训练……63
三、用信号发生器、晶体管毫伏表和双踪示波器测量电路参量……64
四、用 QS18A 万用电桥测量低频电路元件参数……64
项目五　常用电子元器件的认知……66
第一部分　项目相关知识……66
一、分立元器件……66
二、半导体集成电路……86
三、其他常用电子元器件……89
第二部分　项目实训……101
一、分立元器件的认识……101
二、认知集成电路……102
三、LED 显示屏调查……103
四、开关与接插件调查……103
项目六　手工锡焊技术……104
第一部分　项目相关知识……104
一、锡焊知识……104
二、手工焊接与拆焊方法……105
三、表面安装元器件……115
四、表面安装元器件的锡焊技术……120
第二部分　项目实训……122
一、用铁丝或铜丝焊制几何模型……122
二、拆焊练习……123
三、焊接表面安装元器件练习……123
项目七　电路图及说明书的识读……125
第一部分　项目相关知识……125

一、电子技术文件简介……125
二、电路原理图的识读……126
三、印制电路图的识读……130
四、产品说明书的识读……132
第二部分 项目实训……134
一、识读超声波雾化器电路原理图……134
二、识读收音机印制电路图……135
三、识读电脑型电压力锅使用说明书……136
项目八 电路原理图及 PCB 的设计……137
第一部分 项目相关知识……137
一、认知 Protel 2004……137
二、电路原理图的设计……141
三、PCB 的设计……145
第二部分 项目实训……152
一、绘制调频无线电传声器电路原理图……152
二、两级放大电路 PCB 单面板设计……153
项目九 印制电路板的制作……155
第一部分 项目相关知识……155
一、如何选择印制电路板……155
二、印制电路板制作的工艺流程……156
三、人工制作印制电路板……157
四、印制电路板生产中的环境保护……163
第二部分 项目实训……164
一、制作十位旋转彩灯单面印制电路板（教师自定）……164
二、制作声、光控制延时开关的单面印制电路板（教师自定）……164
项目十 电子电路的调试……166
第一部分 项目相关知识……166
一、调试知识……166
二、电路静态的测试与调整……168
三、电路动态的测试与调整……170
四、整机电路调试举例……172
第二部分 项目实训……176
一、组装超外差式收音机……176
二、组装串联型稳压电源（教师自定）……180
附录 A 安全用电相关标志……184
附录 B 国产半导体器件型号命名法……186
附录 C 国产集成电路型号命名法……187
参考文献……188

项目一　安全用电

学习目标

学习目标		学习方式	学时
知识目标	① 了解人体触电事故的类型； ② 了解静电知识	教师讲授	5 课时
技能目标	① 了解安全用电技术措施； ② 掌握防静电措施； ③ 掌握安全作业方法； ④ 认识电子实训室	学生根据要求学习，教师指导、答疑。 重点：技术措施	

电子技术已经广泛应用于生产和生活的各个领域，电子产品的质量和技术水平是现代高新技术的集中反映，体现了一个国家的现代化水平。电虽造福于人类，但同样也会对人构成威胁。

第一部分　项目相关知识

一、常见人体触电事故类型

触电是指人体触及带电导体，电流对人体造成的伤害。有人体直接接触带电体触电与金属导体触电（人体触及正常时不带电而发生故障时才带电）两种。常见的触电类型如表 1-1 所示。

表 1-1　　常见的触电类型

类型	简　介	图　示
单相触电	一般工作和生活场所供电为 380V/220 V 中性点接地系统，当处于地电位的人体接触带电体时，人体承受相电压，电流通过人体而造成触电	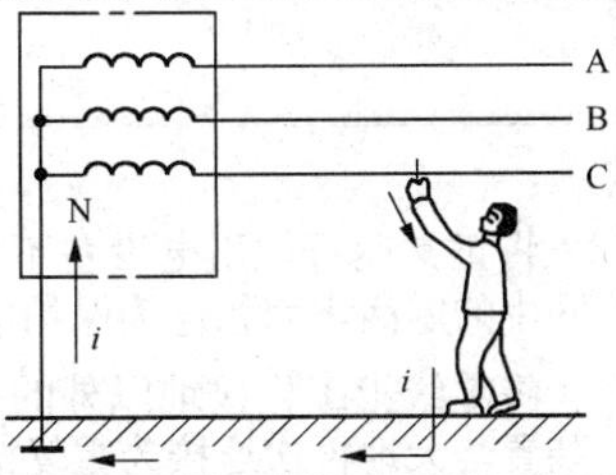 A B C N i i
两相触电	人体两处同时触及两相电源或两相带电体时，电流从一相导线经人体到另一相导线所引起的触电	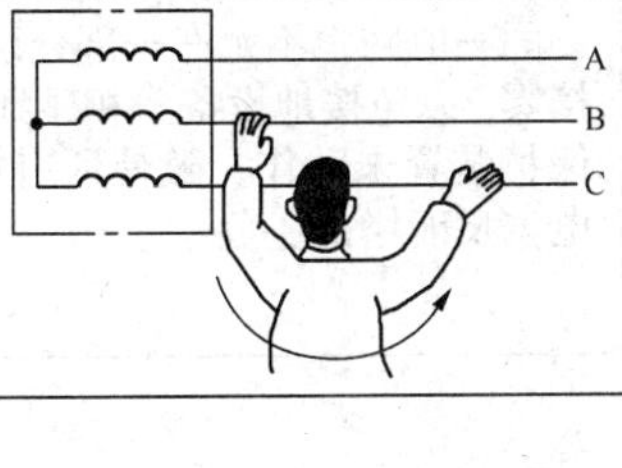 A B C

续表

类型	简　　介	图　　示
接触电压触电	当运行中的电气设备绝缘损坏或由于其他原因造成接地短路时，人触及漏电设备外壳，电流通过人体和大地形成回路，就会造成触电	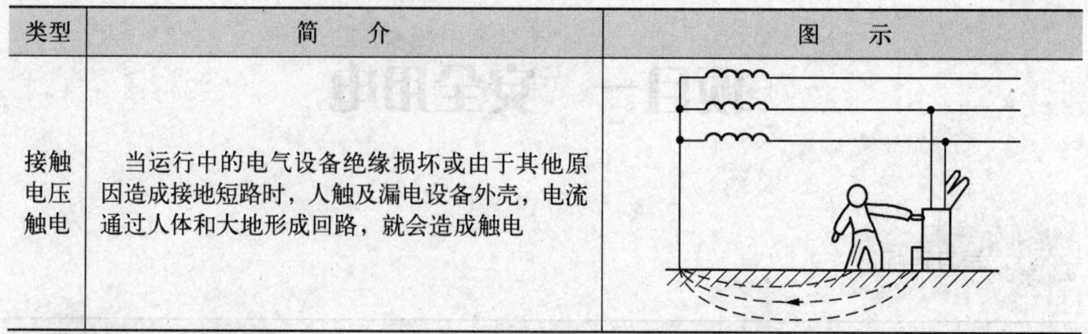

二、安全用电技术措施

为了更好地使用电能，防止触电事故的发生，就必须有必要的技术措施，如表 1-2 所示。

表 1-2　　技术措施

措施	简　　介	图　　示
工作接地	电力系统中，为完成正常的工作或保证电气设备安全运行，将电气回路的中性点与大地连接起来为工作接地。 工作接地为电路正常工作提供了一个稳定而不受外界电磁场影响的基准电位，即大地的零电位	中性点 高压侧 低压侧 O A B C N 电力变压器 工作接地 接地体
保护接地	为了防止电气设备外露的不带电导体意外带电，将正常运行的用电设备不带电的金属外壳直接与大地紧密相连（接地电阻小于 4Ω）为保护接地	A B C 接地体
保护接零	将正常运行的用电设备不带电的金属外壳与电网中的零线牢固相连为保护接零。 将零线上工作接地以外的一处或多处通过接地装置与大地再次连接为重复接地。 同一电网中不允许一部分设备接地，一部分设备接零。以免接地设备一相碰到设备外壳短路时，而保护装置未动作，致使所有接地的设备外壳都带电，反而增加了危险	A B C N 保护接零 工作接地 重复接地

续表

措施	简　介	图　示
自动断电	在带电线路或设备上发生漏电事故时，在规定时间内能自动切断电源而起保护作用的措施。如漏电保护、过流保护、过压或欠压保护、短路保护、接零保护等	电源侧 负载侧
绝缘措施	① 绝缘材料的选用必须与该电气设备的工作电压、工作环境和运行条件相适应。 ② 定期检查各种电气设备，及时更换电气设备或导线的绝缘破损部分	
电气隔离	电气隔离实质上是将接地的电网转换为一范围很小的似接地电网，如右图所示。正常情况下，由于N线直接接地，使流经a的电流沿系统的工作接地和重复接地构成回路，a的触电危险很大；而流经b的电流只能沿绝缘电阻和分布电容构成回路，触电的危险得到了抑制。 通常采用电压比为1∶1的隔离变压器来实现电气隔离，但被隔离回路的电压要小于500V，其带电部分不得与其他电气回路或大地相连；变压器二次侧的两端都不能接地；人体不能同时触及二次侧两端，否则就有触电危险	L N a b
屏护措施	采用屏护装置将带电体与外界隔开，以杜绝不安全因素，常用的屏护装置有护罩、护盖等。如电器的绝缘外壳、金属网罩、金属外壳等	灭弧罩
工具保护	必须带电作业时，要使用安全工具，如绝缘手套、绝缘靴，或站在绝缘垫、绝缘站台上，并有专人监护	

续表

措施	简　介	图　示
检修示警	检修时切断电源，并在开关处挂牌示警或派专人看守	修理线路切勿合闸
防雷措施	① 架设避雷针、避雷器等防雷装置； ② 电气设备在电源（及其他部位）加装过压保护装置； ③ 雷雨时不到旷野里行走，不用有金属杆的雨伞，不把带有金属杆的工具扛在肩上，不穿潮湿的衣服，不靠近潮湿的墙壁，不站在高大的树木下，不接触或走近高电压区和避雷装置的接地点周围	防雷电源转换器内部电路
消防措施	① 发现电气设备、线路等冒烟起火时，尽快切断电源； ② 使用沙土或专用灭火器进行灭火，同时避免将身体或灭火工具触及导线或电气设备； ③ 若不能及时灭火，立即拨打 119 报警	二氧化碳灭火器　干粉灭火器

三、防静电措施

随着电子仪器仪表和设备等电子产品日趋小型化、多功能及智能化，高密度集成电路已成为电子工业中不可缺少的器件，但它们对静电越来越敏感。

1. 静电的产生

两种不同的材料通过摩擦、碰撞、剥离等方式，在接触又分离之后在一种物体上积聚正电荷，另一种物体上积聚等量的负电荷，从而产生了静电。静电荷因难以导出，聚集后可达很高的静电电压，如图 1-1 所示。

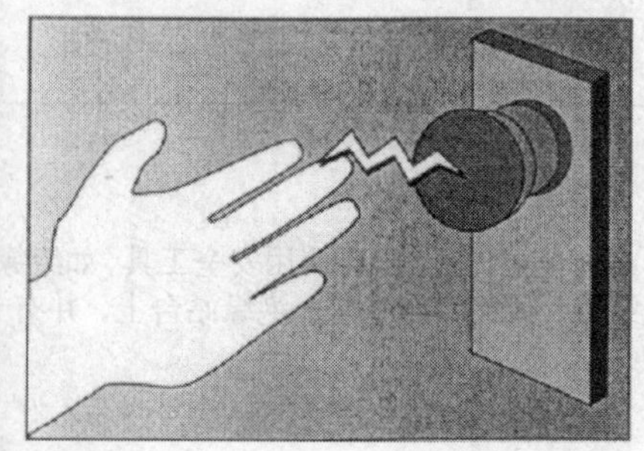

图 1-1　静电现象

2. 静电放电的危害

在电子产品的生产中，从元器件的预处理、安装、焊接、清洗，到单板测试、总测，到包装、储存、发送等工序，都可能产生对元器件的静电放电击穿危害。电子产品受到静电的危害大致有人体带电、机器带电、器件带电等 3 种危害形式，如图 1-2 所示。

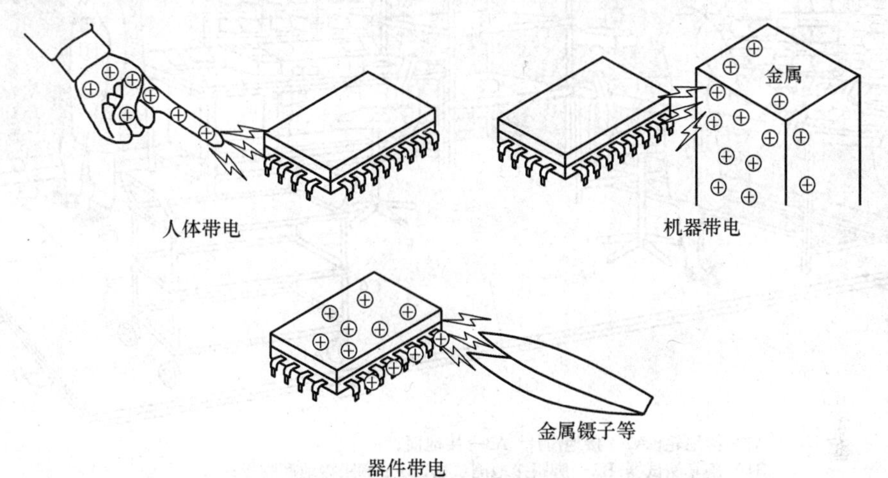

图 1-2 受电子产品危害形式

3. 静电的防护

静电的防护措施如表 1-3 所示。

表 1-3 静电的防护

类 型	措施说明
保护接地	防静电系统必须有独立可靠的接地装置，接地电阻一般要小于 10Ω，按国家标准 GBJ97 要求埋设与检测。防静电地线不得接在电源零线上，不得与防雷地线共用
场地环境	防静电工作区场地的地面、墙壁及天花板，要按国家标准要求选用防静电材料，使之具备很好的防静电性能，禁止使用普通材料
作业人员	人体在日常活动和生产操作中可产生很高的静电电压，在极短的放电过程，释放出来的能量足以烧毁或击穿芯片，所以对进入防静电工作区的人员要进行防护
生产设备	由工作台、防静电桌垫、腕带接头和接大地线等组成的防静电安全工作台是防静电工作区的基本组成。静电安全工作台上不允许堆放塑料、橡皮、纸板、玻璃等易产生静电的杂物，图纸资料等应装入防静电文件袋中。座椅垫套等都应是导静电的，并与静电接地相连

典型的防静电保护区如图 1-3 所示。

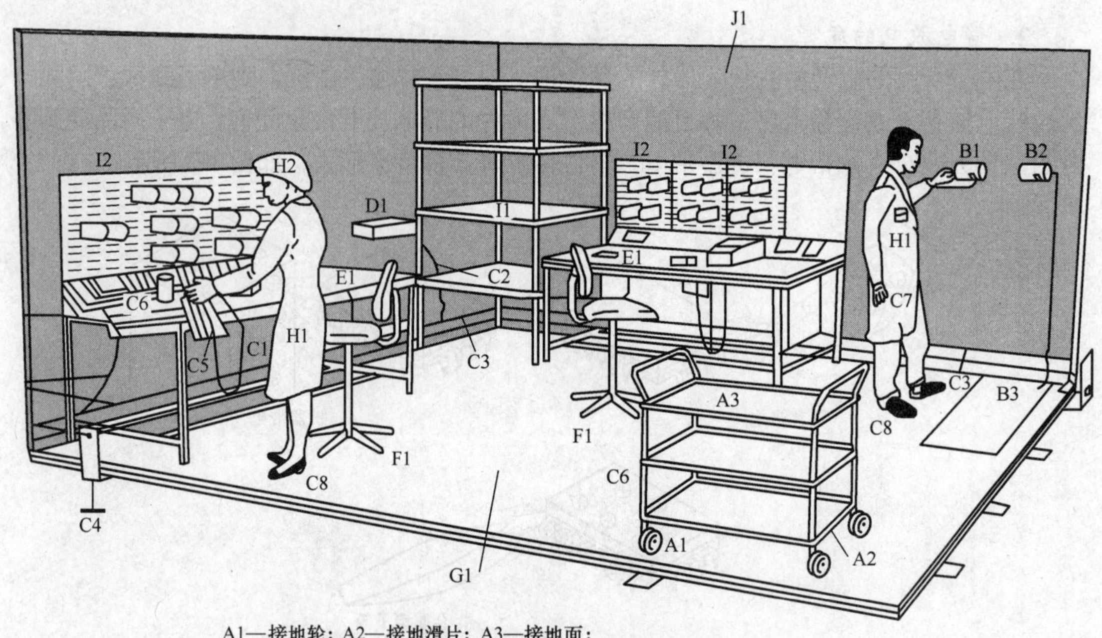

A1—接地轮；A2—接地滑片；A3—接地面；
B1—腕套测试器；B2—脚跟接地测试器；B3—脚跟接地底脚板；
C1—腕套和腕套绳；C2—接地线；C3—静电放电接地设施；
C4—地；C5—接地搭接点；C6—大地接地点；
C7—手套；C8—脚趾和脚跟带箍；D1—电离剂；
E1—工作面；F1—腿和座套已接地的转椅；G1—人体接地地板；
H1—工作服；H2—工作帽；I1—具有接地面的搁板；
I2—接地机架；J1—静电放电保护区标志

图 1-3　静电放电保护区

4. 防静电工具、器材

防静电工具、器材如表 1-4 所示。

表 1-4　防静电工具、器材

名称	防静电镊子	防静电刷	防静电电烙铁
图示			
名称	防静电插头	防静电手腕带	防静电纸
图示			

续表

名称	防静电元件盒	防静电屏蔽袋	防静电地垫
图示			
名称	防静电工作台	防静电大褂	防静电指套
图示			
名称	防静电手套	防静电工作帽	防静电拖鞋
图示			

四、操作安全

1. 人身安全

各种电子产品的电路都有各自的特点，在装配与调试过程中要特别注意人身安全。现代电子产品中，有的产品内部电路板（又称底板）有可能全部带电（交流电 220V），有的则部分电路带电。为保障操作人员的人身安全，作业过程中应注意的事项，如表 1-5 所示。

表 1-5 人身安全注意事项

事项	内 容
1	采用 1∶1 隔离变压器给装配产品供电，使之与交流市电完全隔离
2	习惯单手操作，即一只手操作，另一只手不要接触机器中的金属零部件。操作时，若邻近有带电器件，还要保持可靠的安全距离
3	接线、拆线、改接电路或更换元器件之前一定要先断电，接好了电路，再接通电源
4	接通电源后，人体严禁直接接触电路中未绝缘的金属导体或连接点；在进行具有一定危险的调试时，应有两人以上合作
5	使用 500V 以上的高压电源要特别注意高压危害

2. 触电事故急救

众多的触电抢救实例表明，触电急救对于减少触电伤亡是行之有效的。发现有人触电，切勿惊慌失措，应迅速拉下开关或拔出插头，以切断电源，并及时拨打电话 120 请求医疗援助，如图 1-4（a）所示；或戴绝缘手套或用干燥的衣服包着手站在干燥木板上将触电者拉离电源，如图 1-4（b）所示；或使用带有绝缘手柄的工具切断电源，如图 1-4（c）所示；或使用干燥的木棒、竹竿等绝缘物将触电者身上的电源线移开，如图 1-4（d）所示；从而使触电者迅速脱离电源。

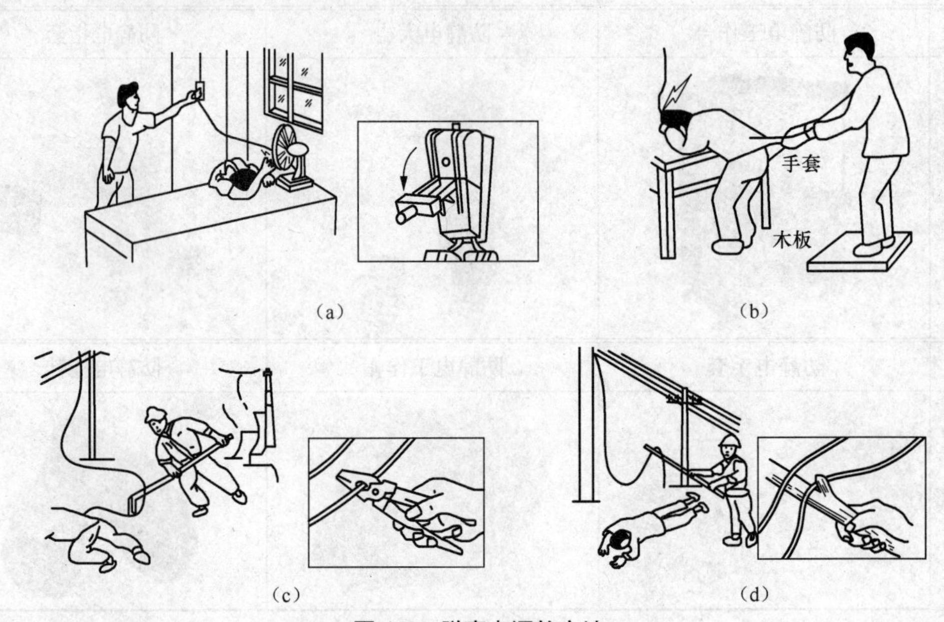

图 1-4　脱离电源的方法

3. 作业安全

作业安全注意事项如表 1-6 所示。

表 1-6　作业安全注意事项

事项	内　容
1	作业之前做好合理布置，基本原则是直读的仪表、仪器放在操作者的左侧，示波器、信号发生器测量仪器放在右侧，且无歪斜摆放；连线整齐清楚、操作和读数方便，没有相互影响
2	熟悉各种仪表、仪器和元器件的额定值、使用方法及电源种类和电压大小
3	一般直流电源正极用红色导线，负极用黑色（或蓝色）导线；交流电源 A、B、C 三相及零线分别用红色、绿色、黄色和蓝色导线；接线端子间紧密接触，牢固可靠
4	不反接电源极性，不短接电源、信号源输出端，不将高压电源接入低压电路、交流电源接入直流电路、信号线与电源线接错。拆除时先断开电源，拆除电源连线，再拆除其他连线
5	电子电路先调试静态，再调试动态。测试时手不接触测试表笔或探头等的金属部分；要用高频同轴电缆（或屏蔽导线）作测试线，地线尽量短，并接触良好；在电路板上进行测量时，要注意电路板的放置位置，背面的焊点不要被金属部件短接，可用纸板加以隔离；读数保持“眼、针、影”三点成一线的正确姿势

五、仪器设备安全

仪表、仪器是电子产品装配与调试过程中必不可少的设备，常用的如图 1-5 所示。使用前要认真阅读使用说明书或操作规程与注意事项，使用后要有记录，并有使用交接手续。特殊设备使用前，作业人员要进行培训。设备要有专人负责保管和维护，要经常校正，保证其准确性。

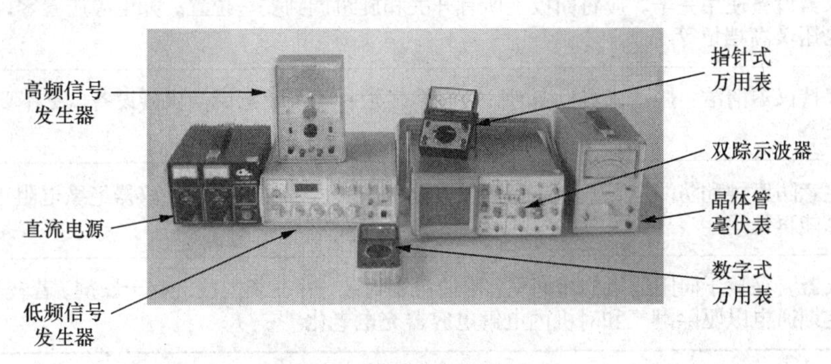

图 1-5 常用电子测量仪器

1. 基本要求

对仪表、仪器使用的基本要求如表 1-7 所示。

表 1-7 基本要求

要求	内　　容
1	所有设备都要有安全用电防护措施；设备一般不能受潮，放置位置要有防雨、雪和水侵袭措施；运行时要有良好的通风散热条件；有防火措施
2	对于出现异常现象（如过热、冒烟、异味、异声等）的设备和装置，应立即切断其电源，及时检修。只有排除了故障，才可继续使用
3	设备的带电部分间及地之间必须保持一定的距离，安装地点要设有安全标志
4	根据某些设备的特性和要求采取特殊的安全要求

2. 操作规则

对仪表、仪器使用的操作规则如表 1-8 所示。

表 1-8 操作规则

要求	内　　容
1	使用前，必须正确调整仪器面板上的有关开关、旋钮，选择合适的功能和量程。严禁随意乱用，如用电流表或万用表的电阻挡、电流挡去测量电压等
2	在连接仪器电源时，应先检查供电电压与仪器工作电压是否相符。有通风设备的仪器，开机通电后要注意内部风扇是否工作，若有异常应立即停止使用

续表

要求	内　容
3	使用中要有目的地扳（旋）动仪器设备的开关（或旋钮），切忌用力过猛造成损坏；各种负载的增加和减少，电路参数的调节均应缓慢进行，不能操之过急
4	仪器设备使用完毕，应将面板上所有开关和旋纽调到安全位置，如电源应置零，万用表应调至电压最高挡位等
5	保持仪器清洁；搬动仪器设备时，应轻拿轻放；不可随意调换仪器设备，更不要擅自拆卸仪器设备
6	注意防腐蚀和防漏电，长期不用的仪器要取出其内部的干电池；仪器绝缘电阻小于 500kΩ，则不能再使用
7	仪器要存放于向阳通风的房间里，用塑料袋封装，并在袋内放一些干燥剂。若较长时间不用，要定期通电以驱除潮气和对机内电解电容器充电老化

3. 可靠“共地”

电子仪器“共地”是抑制干扰、确保人身和设备安全的重要技术措施之一。在电子产品装配与调试过程中，应特别注意各检测仪器设备的可靠“共地”。即各台电子仪器及被测网络装置的地端，都应按照信号输入、输出的顺序可靠地连接在一起，如图 1-6 所示。

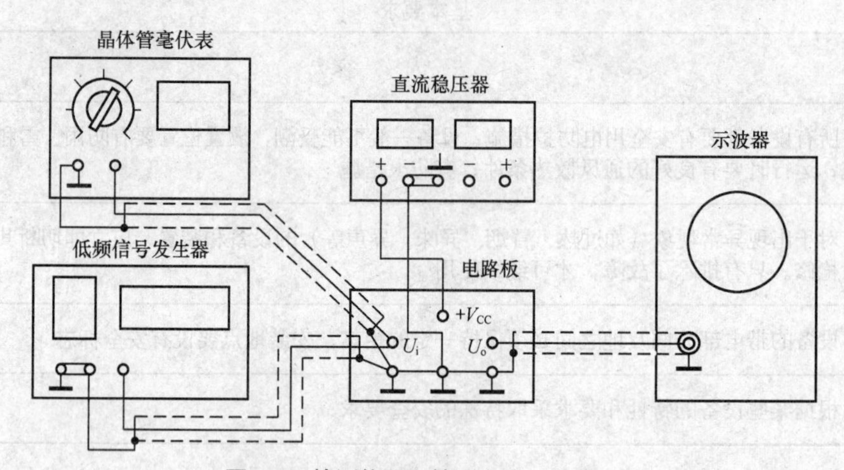

图 1-6　检测仪器和被测电路“共地”

第二部分　项目实训

参观电子实训室的安全用电防护措施

一个完整的电子装配与调试实训室由若干实训操作台和常用电子设备组成，实训操作台提供实训所需的各种电源（交、直流可调电源）、信号发生器、开关、漏电短路保护、常用电子仪表等。不同的学校操作台型号可能会有所不同，但其功能基本相同，如图 1-7 所示。

实训室

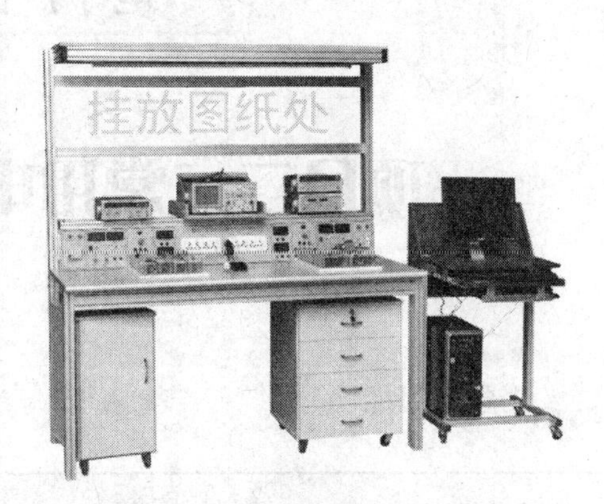

实训操作台

图 1-7 电子装配与调试实训室

通过对实训室的参观，完成下列要求的填写，如表 1-9 所示。

表 1-9 认识实训室

认识内容	安全用电制度（有哪些）	供电线路布设（用电安防措施）	防静电措施（衣服、工具、放电连接点）	仪器、仪表（摆放、接地）
实景描述				
体会与建议				

项目二　常用电子装配工具的使用

学习目标

学习目标		学习方式	学时
知识目标	① 了解低压验电器的工作原理； ② 了解电烙铁、电热风枪的基本结构及工作原理	教师讲授	6课时
技能目标	① 掌握螺钉旋具、平口钳和尖嘴钳等工具的使用要领； ② 掌握低压验电器的使用； ③ 掌握电烙铁的使用要领； ④ 了解电热风枪的使用	学生实习，教师指导、答疑。 重点：螺钉旋具、平口钳、尖嘴钳、低压验电器、电烙铁的使用	

电子产品的装配与调试离不开必要的工具，熟悉和掌握装配工具的结构、性能及正确的使用方法与技巧，既能提高作业效率，又能减轻劳动强度。

第一部分　项目相关知识

一、螺钉、螺母旋具

螺钉旋具俗称起子、改锥、旋凿、螺丝刀或解刀，是用来紧固或拆卸螺钉的工具。它的种类很多，按功能和头部形状的不同有一字形和十字形两类；按功能和握柄材料的不同，有木柄、塑料柄和金属柄三类；按功能和操作形式的不同，有自动和机动两类。

螺钉、螺母旋具简介如表 2-1 所示。螺钉旋具的使用如表 2-2 所示。

表 2-1　　螺钉、螺母旋具

类型	简　介	图　示
一字形螺钉旋具	一字形螺钉旋具主要用来旋转紧固或拆卸带一字槽的螺钉、木螺钉和自攻螺钉等，其规格用柄部以外的刀体长度表示，单位为mm。常用规格有 50mm、100mm、150mm、200mm 和 300mm 等，其中 50mm 和 150mm 是必备的	
十字形螺钉旋具	十字形螺钉旋具专供旋转紧固或拆卸十字槽的螺钉，按头部旋动螺钉规格的不同，有Ⅰ、Ⅱ、Ⅲ、Ⅳ号等四种规格型号，其柄部以外的刀体长度规格与一字形螺钉旋具相同	塑料手柄

续表

类型	简　介	图　示
自动螺钉旋具	自动螺钉旋具具有同旋、顺旋和倒旋三种动作。当开关置于同旋位置时，与一般旋具用法相同。当开关置于顺旋或倒旋位置，在旋具刀口顶住螺钉槽时，只要用力顶压手柄，螺旋杆通过来复孔而转动旋具，便可连续顺旋或倒旋。在大批量生产中，效率较高，但使用者劳动强度较大	
机动螺钉旋具	机动螺钉旋具广泛用于流水生产线上小规格螺钉的装卸，具有体积小、重量轻、操作灵活方便等特点。 机动螺钉旋具设有限力装置，使用中超过规定扭矩时会自动打滑，有利于在塑料安装件上装卸螺钉	电动旋具
螺母旋具	螺母旋具主要用于装卸六角螺母，使用方法与螺钉旋具相同	
组合工具	组合工具由不同规格的螺钉旋具、锥、钻、凿、锯、锉、锤等组成，柄部和刀体可以拆卸使用。柄部内装氖管、电阻器、弹簧，可作低压验电器使用	

表 2-2　　螺钉旋具的使用

内容	简　介	图　示
螺钉旋具的使用	① 螺钉旋具的手柄要保持干燥、清洁、无破损且绝缘完好。 ② 选用一字形螺钉旋具，应使旋具头部的长短和宽窄与螺钉槽相适应，并选取其刀口厚度为螺钉槽宽度的 0.75～0.8 倍为宜。旋具头部宽度超过螺钉槽的长度，在旋沉螺钉时容易损坏安装件的表面；头部宽度过小，则不但不能将螺钉旋紧，还容易损坏螺钉槽。 ③ 使用螺钉旋具时，不能将旋具斜插在螺钉槽内；要平稳用力，压和拧要同时进行。 ④ 在实际使用过程中，不可使用金属杆直通柄顶的螺钉旋具，不要让螺钉旋具的金属部分触及带电体 ⑤ 不能用锤子或其他工具敲击螺钉旋具的手柄，或当凿子使用	大螺钉旋具的使用 小螺钉旋具的使用

二、钳子

钳子是用于剪切或夹持导线、金属丝、工件的常用工具，钳的柄部装有耐压 500V 以上的塑料绝缘套。

1. 平口钳

平口钳俗称钢丝钳、老虎钳，如图 2-1 所示。平口钳规格较多，常用的平口钳有 150mm、175mm 和 200mm 三种规格。电子装接工所用的平口钳钳柄上必须套有绝缘性能为耐压 500V 以上的绝缘套。平口钳的使用如表 2-3 所示。

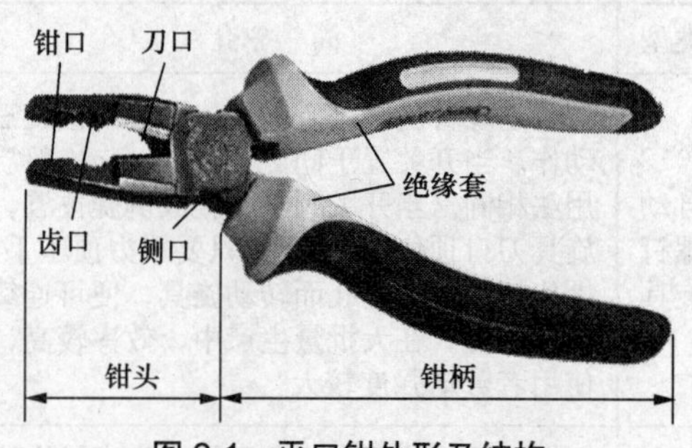

图 2-1 平口钳外形及结构

表 2-3 平口钳的使用

内容	简　介	图　示
平口钳的使用	①在使用平口钳作业前，要检查绝缘套手柄的绝缘是否完好，若绝缘套破损则不能使用。 ②平口钳主要是用钳口弯绞、钳夹线头或其他金属、非金属物体；用齿口旋动螺钉、螺母；用刀口切断电线、起拔铁钉、削剥导线绝缘层；用铡口铡断硬度较大的钢丝、铁丝等金属丝。 ③用平口钳切断带电导线时，不得将相线和零线或不同相位的相线同时放在一个钳口处切断，以免发生短路事故。 ④不得把平口钳当作锤子敲打使用，也不能在剪切导线或金属丝时，用锤或其他工具敲击钳头部分。另外，钳轴要经常加油，以防生锈	手握法 钳口的使用 齿口的使用 刀口的使用 铡口的使用

2. 尖嘴钳

尖嘴钳的头部尖细，适用于在狭小的工作空间作业，如图 2-2 所示。按其全长有 130mm、160mm、180mm、200mm 四种规格。主要用于切断较细的导线、金属丝线、夹持垫圈、较小物件，可将导线端头弯曲成型。电子装接工所用的尖嘴钳钳柄上必须套有绝缘性能为耐压 500V 以上的绝缘套。尖嘴钳的握法如图 2-3 所示。

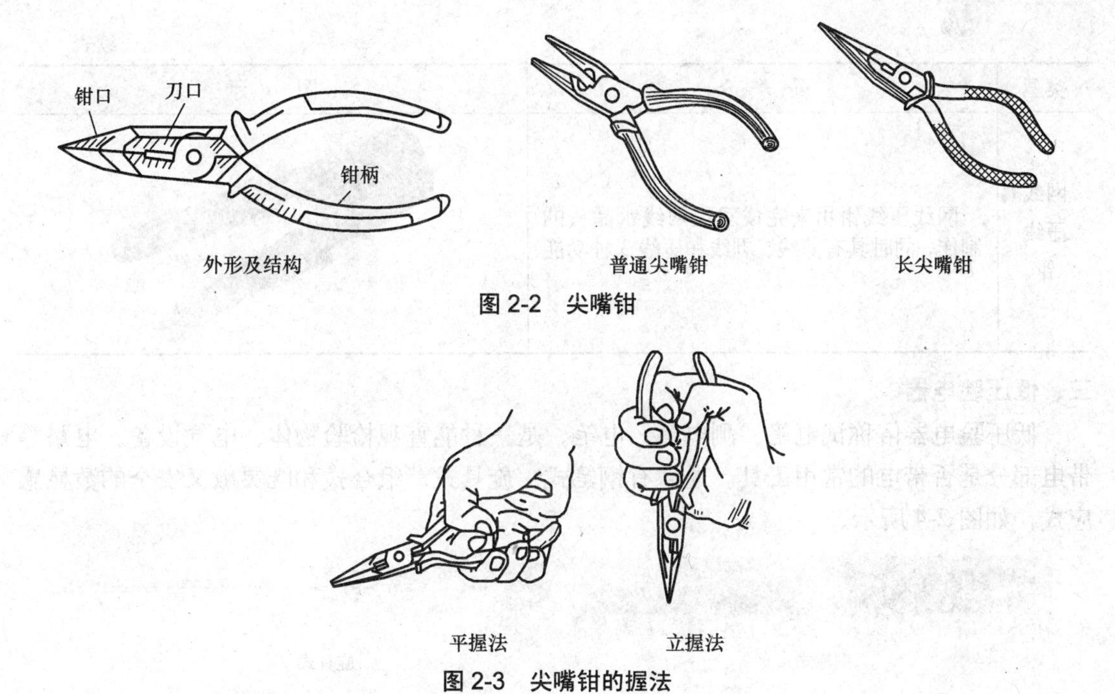

图 2-2 尖嘴钳

图 2-3 尖嘴钳的握法

3. 其他类型的钳子

其他类型的钳子简介如表 2-4 所示。

表 2-4 其他类型钳

类型	简 介	图 示
斜口钳	头部扁斜的钳子，叫斜口钳，俗称断线钳、偏口钳、扁嘴钳。常用于剪断较粗的导线与其他金属丝，或剪切多余的线头，或代替剪刀剪切尼龙套管、尼龙线卡等。 剪线时，应将钳头朝下，在不变动方向时可用另一只手遮挡，防止剪下的线头飞出伤眼。 斜口钳按照其柄部的不同，分有绝缘管套和铁柄两种。电子装接工常用的是绝缘柄斜口钳，其绝缘柄绝缘性能耐压在 1 000V 以上	
剥线钳	剥线钳是一种用于剥除较小直径导线、电缆线绝缘层的专用工具，其手柄绝缘，绝缘性能耐压在 500V 以上。 剥线钳的使用十分简便，确定要剥削的绝缘长度后，即可把导线放入相应的切口中(直径 0.5～3mm)，用手将钳柄握紧，导线的绝缘层即被拉断后自动弹出	切口 钳柄 外形 使用握法

续表

类型	简　介	图　示
网线压线钳	网线压线钳用来完成双绞网线水晶头的制作，同时具有剪线、剥线和压线 3 种功能	

三、低压验电器

低压验电器俗称试电笔、测电笔、电笔，是一种能直观检验物体、电气设备、电路等带电部分是否带电的常用工具。通常有钢笔式、旋具式、组合式和既灵敏又安全的数显感应式，如图 2-4 所示。

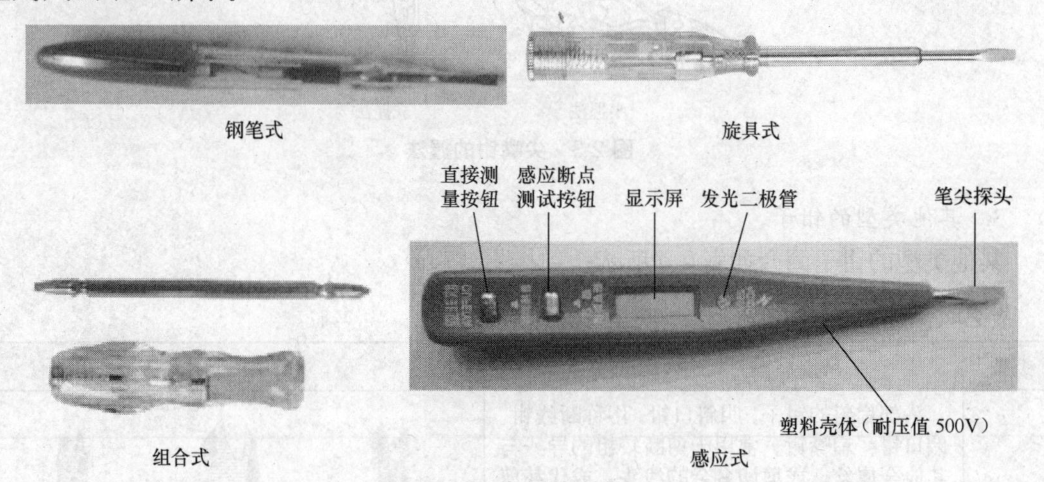

图 2-4　低压验电器

日常最普通的低压验电器的电压检测范围为 50～500V，高于 500V 的电压则由专用的中压测电笔或高压测电笔来检测。

普通低压验电器一般由金属探头、电阻器、氖管、弹簧、尾部金属体等部分组成，如图 2-5 所示。

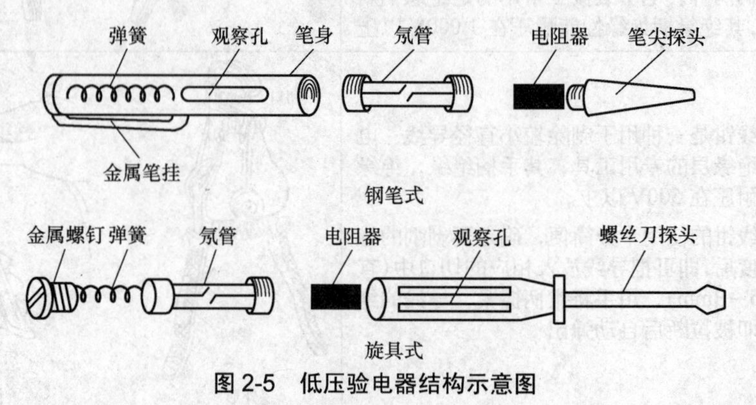

图 2-5　低压验电器结构示意图

低压验电器的工作原理非常简单，当低压验电器的金属探头与电源火线接触、笔尾金属体与人手接触时，电流便通过探头、电阻器、氖管、笔尾金属体及人体和地面回到电源地线，构成完整的电流通路，于是经过电阻器限流后的微弱电流便使氖管发光。由于流过人体的电流极其微弱，所以在检测带电体时人体不会有明显的触电感觉，也不会发生触电事故。

其他类型的测电笔尽管适用的测量电压范围不同，其工作原理基本是一样的。

低压验电器的使用如表 2-5 所示。

表 2-5　　低压验电器的使用

类型	简　介	图　示
握法	使用低压验电器检测时，整个手指握住低压验电器笔身，食指必须触及笔尾的金属体（钢笔式）或低压验电器顶部的金属螺钉（旋具式）。低压验电器的小窗口背光并朝向自己的眼睛，以便于观察。这样，只要被测带电体与大地之间的电位差超过 50V 时，低压验电器中的氖管就会起辉发光	正确握法　正确握法 错误握法　错误握法 钢笔式握法　旋具式握法
用法	① 在使用低压验电器检测设备是否带电之前，首先要检查其内部有无电阻器、是否有损坏，有无进水或受潮；并找一个已确认带电的带电体来检查其是否可以正常发光，能正常发光的低压验电器才能使用。凡性能不可靠的，一律不能使用。 ② 当探头接触被测试物体时，低压验电器上的氖管正常发光，则说明被测物体带电；若接触测试物体后氖管不发光，还不能随即就判定被测物体不带电，因为被测试物体表面不洁净，就会造成低压验电器与被测物体之间接触不良，这时最好用低压验电器笔尖在被测物体表面反复磨刮几次，若氖管仍不发光，则可判定被测物体不带电。 当低压验电器触及被测试物体时，若氖管闪烁，则可能是线路接触不良或两个不同的电气系统相互有干扰。 ③ 低压验电器探头与螺钉旋具形状相似，但其承受的扭矩很小，要尽量避免用其安装或拆卸电气设备。 ④ 注意防止低压验电器受潮和强烈震动，平时不得随便拆卸	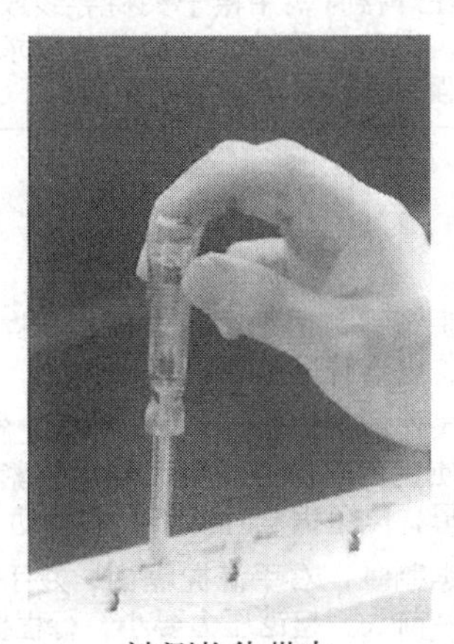 被测物体带电

四、其他工具

其他常用工具简介如表 2-6 所示。

表 2-6　　其他常用工具

类型	简　介	图　示
电工刀	电工刀在作业中主要用于剖削导线绝缘外层、割木台缺口和削制木榫等。因电工刀刀柄无绝缘保护，所以绝不能直接在导线或电气设备上带电作业。 在使用电工刀进行剖削作业时，应将刀口朝外，以免伤手；剖削导线绝缘层应使刀面与导线成较小的锐角倾斜，以防削伤导线线芯；使用完毕后，应立即将刀身折进刀柄之中	
剪刀	剪刀有普通剪刀和剪切金属线材用剪刀两种。剪切金属线材用剪刀头部短而宽，刃口角度较大，能承受较大的剪切力	
镊子	镊子主要用于挟持导线线头、元器件等小型工件或物品。通常由不锈钢制成，有较强的弹性。头部较宽、较硬、且弹性较强的医用镊子可以夹持较大物件，而头部尖细的普通镊子适合夹持较小物件。 在焊接时，用镊子夹持导线或元器件，以防止移动。对镊子的要求是弹性强，合拢时尖端要对正吻合	普通镊子 医用镊子
手钢锯	手钢锯常用于锯割槽板、木榫、角钢、电器管道等。 操作前先旋松张紧螺母，安上锯条，并使锯齿向前方倾斜，然后收紧张紧螺母，以免锯割时锯条左右晃动。 锯割时，右手满握锯柄，左手轻扶锯弓前头。起锯压力要小，行程要短，速度要慢。工件快锯断时，用左手扶住被锯下的部分，以免落下时损伤工件或危及操作人员	1—锯弓；2—锯条；3—张紧螺母 锯割小型木材　锯割金属材料

续表

类型	简　　介	图　　示
活络扳手	活络扳手规格较多，常用的有150mm × 19mm、200mm × 24mm、250mm × 30mm、300mm × 36mm 等几种。活络扳手的扳口可在规格所定范围内任意调整大小，用于旋动螺母。 扳动较大螺母时，所用力矩较大，手要握在手柄尾部。扳小型螺母时，为防止扳口处打滑，手可握在接近头部的位置，且用拇指调节和稳定蜗轮。 使用活络扳手时，不能反方向用力，否则容易扳裂活络扳唇，也不能用钢管套在手柄上作加力杆使用，更不能当作撬棍撬重物或当手锤敲打。旋动螺母、螺杆时，必须把工件的两侧平面夹牢，以免损坏螺母或螺杆的棱角	呆扳唇 蜗轮 扳口 活络扳唇 轴销 手柄 洛络扳手外形及结构 扳大螺母握法 扳较小螺母握法

其他常备工具图如表 2-7 所示。

表 2-7　　其他常备工具图

名称	图　　示	名称	图　　示	名称	图　　示
医用钳		锉刀		仪表起子	
IC 芯片起拔器		压线器	ProsKit	无感旋具	
美工刀		吸锡器		真空吸笔	
毛刷		锤子		小手电筒	

续表

名称	图　　示	名称	图　　示	名称	图　　示
胶枪	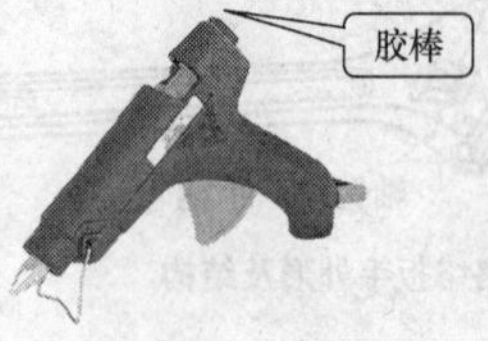 胶棒	手电钻	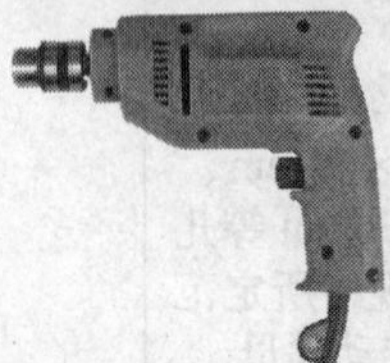	微型电钻	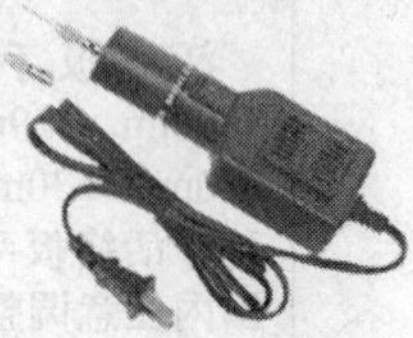
电源转换器	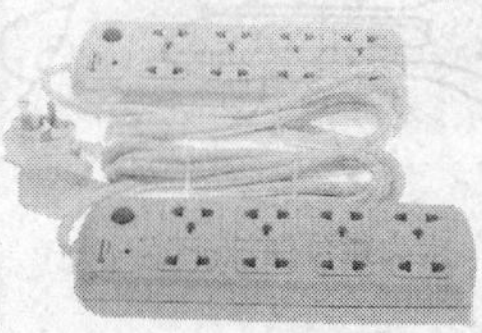	毛刷吹尘球	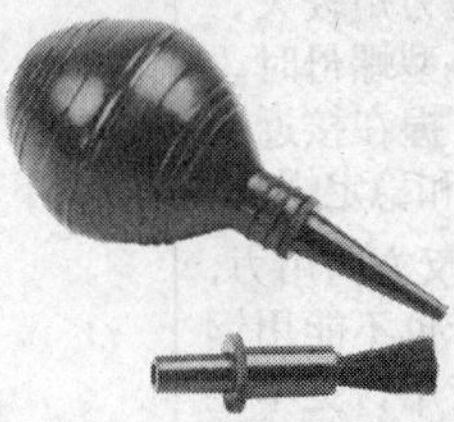	LED 灯放大镜	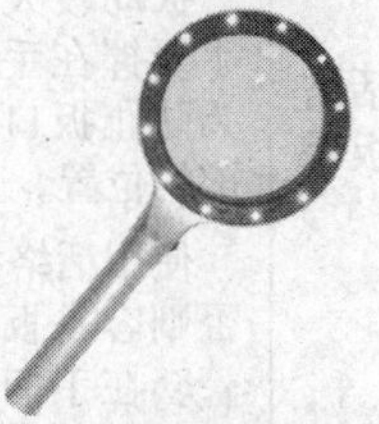

五、电烙铁

电烙铁主要用于焊接元器件及导线。按加热方式有内热式和外热式，按功能有单用式、两用式和调温式，按发热能力有小功率和大功率等，还有特别适于野外使用的低压直流电烙铁。它们的工作原理是让电流流过电阻丝，使其发热，再通过传热筒加热烙铁头，达到焊接温度后进行焊接工作。每一种电烙铁都要求热量充足、温度稳定、耗电少、效率高、安全耐用、漏电流小、对元器件没有电磁影响。

1. 内热式电烙铁

(1) 简介

内热式电烙铁简介如表 2-8 所示。

表 2-8　　内热式电烙铁

类型	简　　介	图　　示
内热式电烙铁	内热式电烙铁由手柄、连接杆、弹簧夹、发热器件和烙铁头组成，因其发热器件（烙铁芯）装在烙铁头内部，故称为内热式。烙铁芯是用极细的镍铬电阻丝绕在瓷管上制成，外面套上耐高温绝缘管。烙铁头的一端为空心，套在烙铁芯外面，用弹簧紧固。 电烙铁的规格用功率表示，常用的有 20W、25W、35W 和 50W，一般 20W 电烙铁其电阻约为 2.4kΩ，35W 电烙铁其电阻约为 1.6kΩ。功率越大，电烙铁的发热量越大，烙铁头的温度越高。 由于芯子装在烙铁头内部，热量能完全传到烙铁头上，发热快，热能利用率可达 85%～90%，常见的工作温度如下： 烙铁功率/W：20、25、45、75、100 烙铁头温度/℃：350、400、420、440、455	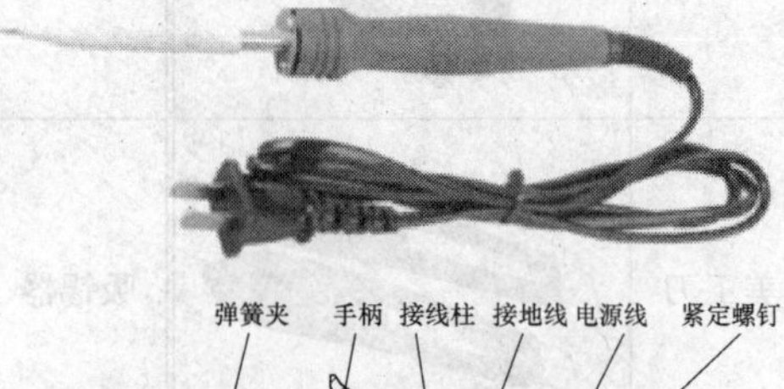 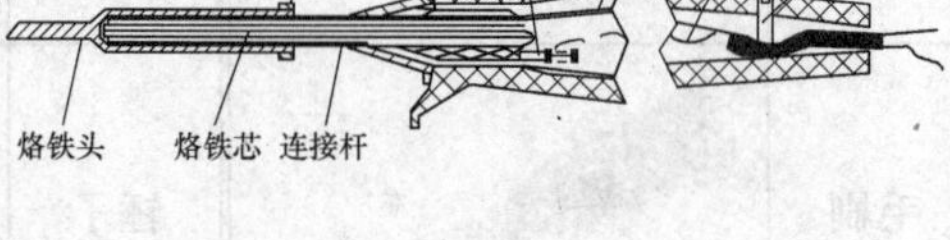 弹簧夹　手柄　接线柱　接地线　电源线　紧定螺钉 烙铁头　烙铁芯　连接杆

续表

类型	简　介	图　示
烙铁架	烙铁架主要用来搁放通电加热后的电烙铁，以防烫坏工作台或其他物品。为方便操作，一般放在工作台的右上方	
握法	电烙铁的握法没有统一的要求，以不易疲劳、操作方便为原则，一般有反握法、正握法和握笔法三种。反握法是用五指把电烙铁的柄握在掌内，但并不常用；使用大功率电烙铁弯形烙铁头焊接大型电子设备时，采用正握法；使用小功率电烙铁直型烙铁头焊接小型电子设备或印制电路板时，采用握笔法。握笔法是通常采用的握法	反握法　正握法 握笔法

（2）烙铁头

内热式电烙铁的烙铁头一般用紫铜制作，形状较复杂，不易加工。在表面紫铜的烙铁头电镀上纯铁或镍，可使其使用寿命延长10～20倍；且镀层还能耐焊锡的浸蚀，不易变形，保持操作时所需的最佳形状。

擦拭烙铁头要用浸水海绵或湿布，不能用砂纸或砂布打磨，更不能用锉刀锉，以免破坏镀层，缩短使用寿命。若烙铁头不沾锡，可用助焊剂在浸锡槽中上锡。

（3）拆装与故障处理

拆卸时，先拧松手柄上的紧固螺钉，旋下手柄，拆下电源线和烙铁芯，最后拔下烙铁头；安装次序与拆卸相反。在旋紧手柄时，勿使电源线随手柄一起扭动，以免将电源线接头处绞断而造成开路，或绞在一起而形成短路。安装电源线时，其接头处裸露的铜线一定要尽可能短，过长易造成短路。

电烙铁一般有短路和开路两种故障。

在手柄中或插头中的接线处容易造成短路，此时用万用表电阻挡检查电源线插头之间的电阻值将趋近于零。

电源供电正常，电烙铁接上几分钟后还不发热，一定是存在开路。以20W电烙铁为例，断开电源，旋开手柄，用万用表×100Ω挡分别检测插头、烙铁芯两个接线柱间的电阻值，若阻值均为无穷大，则是烙铁芯损坏，需更换；若接线柱间阻值为2kΩ左右，则是电源线或接头脱焊，应更换或重新连接。

(4) 注意事项

① 电烙铁使用前要用万用表欧姆挡检查插头与金属外壳之间的阻值，指针应指在∞处；检查电源线是否良好；消除一切安全隐患。

② 烙铁头在温度较高时容易氧化，或被焊料浸蚀而失去原形，要及时修整。初次使用或经过修整后的烙铁头要及时上锡，并保持清洁，以提高电烙铁的可焊性和延长使用寿命。

③ 由于连接杆的管壁厚度只有 0.2mm，且发热元件是用瓷管制成，所以使用时不能任意敲击，要轻拿轻放，以免损坏发热元件而影响使用寿命，也不要用钳子夹连接杆。

④ 焊接较小元件，时间不宜过长，以免因热损坏元件或绝缘；焊接集成电路一类元件，要采取防漏电措施。

⑤ 电烙铁工作时要放在特制的烙铁架上，并远离易燃品，防止烫坏物品或造成火灾；焊接完毕，要及时关掉电烙铁电源。

⑥ 焊接时，宜使用松香或中性助焊剂。

2. 外热式电烙铁

外热式电烙铁简介如表 2-9 所示。

表 2-9　　外热式电烙铁

类型	简　介	图　示
外热式电烙铁	外热式电烙铁由烙铁头、烙铁芯、烙铁头固定螺丝、外壳、手柄、后盖、电源线和插头等部分组成。 烙铁芯由电阻丝绕在薄云母片绝缘的圆筒上组成，烙铁头安装在烙铁芯里面，故称为外热式电烙铁。 常用的有 25W、30W、45W、75W、100W、150W、200W、300W 等规格，功率规格不同，其内阻值也不同。25W 约为 2kΩ，45W 约为 1kΩ，75W 约为 0.6kΩ，100W 约为 0.5kΩ	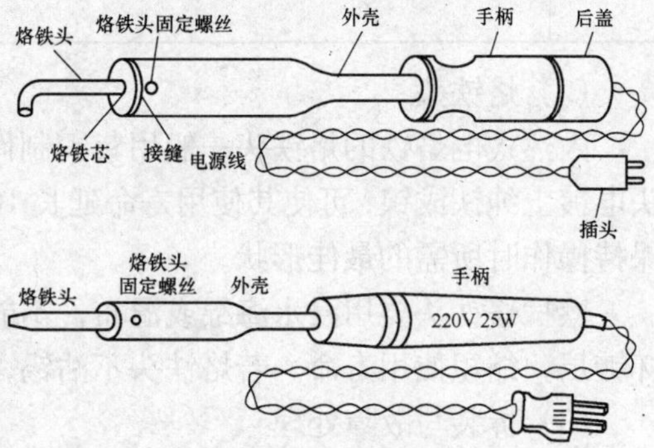 烙铁头 烙铁头固定螺丝 外壳 手柄 后盖 烙铁芯 接缝 电源线 插头 烙铁头 烙铁头固定螺丝 外壳 手柄 220V 25W
烙铁头	烙铁头有多种不同形状。凿式和尖锥形烙铁头，角度较大时，热量比较集中，温度下降较慢，适用于焊接一般焊点；角度较小时，温度下降快，适用于焊接对温度比较敏感的元器件。斜面烙铁头，由于表面大，传热较快，适用于焊接布线不很拥挤的单面印制电路板焊接点。圆锥形烙铁头适用于焊接高密度的线头、小孔及小而怕热的元器件。 烙铁头插入烙铁芯的深度直接影响烙铁头的表面温度，一般焊接体积较大的物体时烙铁头插得深些，焊接小而薄的物体时插得浅些	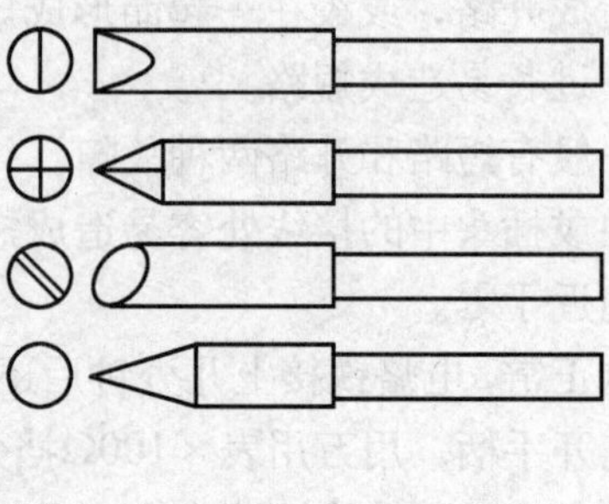 凿式 尖锥形 圆斜面 圆尖锥
握法	握法与内热式电烙铁使用相同	

续表

类型	简　介	图　示
注意事项	① 电烙铁有三个接线柱，一个与烙铁壳相通，为接地端；另两个与烙铁芯相通，接交流电源。外壳与烙铁芯不相通，如果接错就会造成烙铁外壳带电，人触及就会触电；焊接就会损坏电路元器件。在使用前或更换烙铁芯时，一定要认真检查电源线与地线的接头，防止接错。 ② 在使用一段时间后，要及时将烙铁头取出去掉氧化物，避免烙铁头与烙铁芯烧结而卡死，不利于更换。 ③ 其他事项与内热式电烙铁相同	

3. 恒温（调温）电烙铁

一般的内热、外热式电烙铁的烙铁头温度都超过 300℃，不利于晶体管、集成电路的焊接。在要求较高的场合，通常采用恒温电烙铁。恒温电烙铁的温度能自动调节保持恒定，常用的有磁控恒温电烙铁和热电偶检测控温式自动调温恒温电烙铁（又称自控焊台）两种。简介如表 2-10 所示。

表 2-10　　恒温（调温）电烙铁

类型	简　介	图　示
磁控恒温电烙铁	磁控恒温电烙铁是在电烙铁头部装有一个强磁性体传感器，用于吸附磁性开关（控制加热器开关）中的永久磁铁来控制温度。 温度不同的烙铁头，装有不同规格的强磁性体传感器，要得到不同的温度，只需更换烙铁头即可。一般工作温度为 260～450℃。 升温时，通过磁力作用，带动机械运动的触点，闭合加热器的控制开关，电烙铁被迅速加热；当烙铁头达到预定温度时，强磁性体传感器失去磁性，使磁性开关的触点断开，加热器断电，烙铁头温度下降。 当温度下降至一定点时，强磁性体恢复磁性，电路接通又继续给电烙铁供电加热。如此不断断续通电，可以把烙铁温度始终控制在一个设定的范围内	烙铁头 烙铁芯 控温元件 永久磁铁 控制开关

续表

类型	简　介	图　示
自控焊台	自控焊台依靠温度传感元件（热电偶）检测焊嘴温度，当温度低于规定数值时，温控装置就接通电源，对电烙铁加热，使温度上升；当达到预定温度时，温控装置自动切断电源。这样反复动作，使电烙铁保持恒定温度。 自控焊台不仅能恒温，而且能防静电、防感应电，能直接焊 CMOS 器件；具有设定下限温度功能，可有效控制焊接出现焊点虚焊、假焊；具有故障报警以及提示功能，如机件、发热芯、内电路等发生故障时，就自动报警，提示工作人员进行检查	
自控焊台的使用	① 准备施焊：准备好焊锡丝和电烙铁。焊嘴要保持干净，吃锡效果好。 ② 加热焊件：用电烙铁接触焊接点。 ③ 熔化焊料：当焊件加热到能熔化焊料的温度后将焊丝置于焊点，焊料开始熔化并润湿焊点。 ④ 移开焊锡：当熔化一定量的焊锡后将焊锡丝移开。 ⑤ 移开烙铁：当焊锡完全润湿焊点后以大致 45° 的方向移开电烙铁，焊点要光亮圆滑，无锡刺，锡量适中	螺母　发热器护套　套筒　焊嘴　发热芯 焊嘴及其交换图示
自控焊台注意事项	① 焊嘴每次通电前要去除其上残留的氧化物、污垢或助焊剂，并将发热体内杂质清出，以防焊嘴与发热芯或护套卡死，随时锁紧焊嘴确保其位置适当。 ② 使用时先将温度设定在 200℃左右预热，当温度到达后再设定至 300℃，到达 300℃时须实施焊嘴上锡，待稳定 3～5min 后再设定所需工作温度。 ③ 焊接时，迅速将焊嘴用力挑或挤压被焊接物，不可用摩擦方式焊接。 ④ 不能用表面粗糙的物体摩擦焊嘴，上锡面不可加任何化合物，不使用含氯或酸的助焊剂。 ⑤ 较长时间不使用时，要将温度调低至 200℃以下，并对焊嘴加锡保护；只有在焊接时才可在湿海绵上擦拭，重新上锡于尖端部分。 ⑥ 不焊接时将焊嘴擦拭干净重新上锡于尖端部分后，存放到烙铁架上，并关闭电源	

4. 其他类型的电烙铁

其他类型的电烙铁简介如表 2-11 所示。

表 2-11 其他类型电烙铁

类型	简介	图示
吸锡电烙铁	吸锡电烙铁在普通电烙铁的基础上增加了吸锡机构，具有加热、吸锡两种功能，由烙铁体、烙铁头、气泵和支架等部分组成。 使用吸锡电烙铁能够方便地吸取印制电路板焊接点上的焊锡，使焊接件与印制电路板脱离，方便拆卸。 操作时，按下气泵按钮缩紧气泵，将吸锡电烙铁烙铁头的空心口子对准焊点加温，等焊锡熔化，即放松气泵按钮，焊锡就被吸入烙铁头内；移开烙铁头，再按下气泵按钮，焊锡便被挤出来。 每次只能对一个焊点进行拆焊是吸锡电烙铁的不足之处	中空烙铁头 外热式烙铁芯 气泵 气泵按钮 金属管 气泵活塞杆 卡位 塑料手柄
双温电烙铁	双温电烙铁采用透明不锈钢外壳手柄，手柄上附有一个功率转换开关，开关分 50W 与 60W 两个位置，转换开关的位置即可改变电烙铁的发热量	
电池式电烙铁	采用干电池供电，12s 烙铁头快速升温达 185°C，最高温度达 450°C（9W），节省电力，一副全新电池可连续使用约 30min，连续焊接约 160 个焊点，携带方便，作业快速，适合精密焊接	

六、电热风枪

电热风枪简介如表 2-12 所示。

表 2-12 电热风枪

类型	简介
电热风枪	电热风枪是焊装或拆卸表面贴装元器件和集成电路的专用焊接工具之一，由气泵、气流稳定器、内电路板、手柄和外壳组成，它利用发热电阻丝的枪芯吹出的高温热风，加热助焊剂和电路板及元器件引脚，使焊锡熔化，实现焊接或拆焊。 不同的场合对电热风枪的温度和风量要求不同，调节温度过低会造成元件虚焊，温度过高会损坏元器件与电路板；风量过大会吹跑小元件。只有调节适宜的热量和风量，才能完成不同元器件的拆焊

续表

类型	简　介
图示	
使用方法	① 打开电源开关，根据所焊元器件选择合适的温度和风量挡位，戴上防热手套和护眼罩。 ② 将电热风枪嘴置于芯片上方移动，循环加热芯片四周，待焊锡熔化后，用镊子取走元器件。 ③ 使用完毕关机前，将温度调至最低，热风枪口朝上，把手与钢丝架成 90° 角放到卡座上，继续开机 3～5min 进行散热，再切断电源待完全冷却后，妥善保存于安全处
注意事项	① 留意施工环境，在散发或留有易燃、有毒、爆炸气体及潮湿范围内不能使用。 ② 加热芯片时不要只对着芯片的中间吹，否则会把芯片吹坏；局部加热时间不宜太长，以免把印制电路板吹鼓包。 ③ 使用时一定要有人看管，风筒内的发热丝不能太红，不要造成进出风口堵塞，风量宜大不宜小，以免烧坏手柄；严禁用手触摸钢管等高温部件，避免烫伤；风嘴不要挨着电源线，以免发生火灾；若超过 5min 不使用，就应关闭电源。 ④ 不能把电热风枪当作电吹风直接对着人或动物使用。 ⑤ 如果电源线或其他零件损坏，要到厂方指定的维修部门维修，不得自行拆卸

第二部分　项目实训

一、螺钉旋具的使用

在木盘上进行面包板的安装和拆除。

① 选用合适的木盘、面包板、螺钉旋具、螺钉。

② 螺钉旋具头部对准螺钉尾端，使螺钉旋具与螺钉处于一条直线上，且螺钉与木盘垂直，顺时针方向转动螺钉旋具。

③ 当固定好面包板后，要及时停止转动螺钉旋具，防止螺钉进入木盘过多而压坏面包板。

④ 逆时针方向转动螺钉，直至其从木盘中旋出即完成了对面包板的拆除。

二、平口钳和尖嘴钳的使用

使用平口钳和尖嘴钳分别将横截面积为 1.5mm^2、2.5mm^2、4mm^2 的单股铜导线，弯制成直径分别为 4mm、6mm、8mm 的安装圈。

① 用平口钳或尖嘴钳截取导线。

② 根据安装圈的大小剖削导线部分绝缘层。

③ 将剖削绝缘层的导线向右折，使其与水平线成约 30° 夹角。

④ 由导线端部开始均匀弯制安装圈，直至安装圈完全封口为止。

⑤ 安装圈制成后，穿入相应直径的螺钉，检验其误差。

三、工具的识别

根据学习的内容将工具的识别情况记录于表 2-13 中。

表 2-13　　工具的识别情况记录

工具名称	型号规格	基本结构	主要用途

四、拆装与测量内热式电烙铁

拆卸一支内热式电烙铁（或其他规格电烙铁），研究完结构后组装还原，并将拆卸步骤、注意事项、零件清单填写在下面的横线上。

1．内热式电烙铁的拆卸对象及步骤

① ______________________；过程记录______________________。

② ______________________；过程记录______________________。

③ ______________________；过程记录______________________。

④ ______________________；过程记录______________________。

2．解体后零件清单

____

____。

3．烙铁芯两个接线柱间的电阻值

烙铁芯两个接线柱间的电阻值是__________Ω。

项目三　电子产品装配常用材料的认知

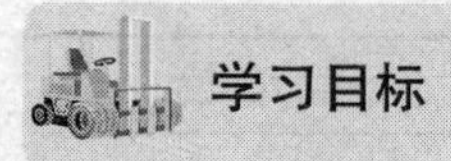

学习目标

学习目标		学习方式	学时
知识目标	① 了解导线、绝缘材料、磁性材料、焊接材料的作用； ② 掌握常用材料的种类名称、型号、规格、用途，以及常用电池的特性	教师讲授	6 课时
技能目标	① 会有线电视用户视频同轴电缆插头的连接制作； ② 会识别常用的线材、绝缘材料、磁性材料、焊接材料制品； ③ 掌握常用电池的应用和使用注意事项	学生根据内容识别不同的材料，教师指导、答疑。 重点：识别与连接制作	

电子产品装配与调试的常用材料是指常见的导电线材、绝缘材料、磁性材料、焊接材料以及有关的一些耗材。

第一部分　项目相关知识

一、常用导线

常用导线有裸导线、电磁线、绝缘电线电缆和通信电缆等。

1．裸导线

裸导线是不包任何绝缘层或保护层的导线。按产品的形状和结构有圆单线、裸绞线、软接线和型线 4 种，如表 3-1 所示。

表 3-1　　裸导线

名称	裸　绞　线	软　接　线	型　　线
构成	由多根裸导线按一定规则以螺旋形绞合而成	多根小截面导线按一定规则绞合或编织而成	横截面为梯形、矩形的裸线
应用	具有较高机械强度，适用于配电线路	铜电刷线、铜天线以及电机、电器内部件间连接的铜编织线	制造电机电器绕组用的扁铜线、扁铝线、空心铜铝线、铜母线、铝母线、梯形铜线（电机换向器用）以及电力机车用的电车线
图示			

2. 电磁线

电磁线是专门用于实现电能与磁能相互转换场合的有绝缘层的导线。常用的有漆包线和绕包线两类，导电线芯有圆线和扁线两种，如表 3-2 所示。

表 3-2　　常用电磁线

名称	图　示	含　义	规　格	用　途
漆包线		表面涂有绝缘漆膜或树脂薄膜的导线	最大外径有 0.045～2.54 mm	适用于制造小型电机及微电机、变压器的线圈等
绕包线		表面密绕玻璃丝、绝缘纸或合成树脂薄膜作绝缘层的导线	最大外径有 0.38～2.88 mm	适用于大中型耐高温的电机绕组、发电机线圈，与漆包线相比，其绝缘层较厚，电性能更优

3. 绝缘导线

绝缘导线与裸导线不同，它由导电的线芯与包裹线芯的绝缘层等组成，在结构上有硬型（Y）、软型（R）之分；线芯有单芯、二芯、三芯，并有多种不同的线径；导体有铜芯（T）、铝芯（L）、软铜芯（R）。常用绝缘导线的名称、型号、规格、用途举例如表 3-3 所示，其中规格的表示含义如图 3-1 所示；安全载流量举例，如表 3-4 所示；不同的常用绝缘导线认知，如表 3-5 所示。

表 3-3　　常用绝缘导线的名称、型号、规格、用途举例

名　称	型　号	规　格	标称截面积（mm^2）	用　途
单芯硬线	BV	1×1/1.13	1	暗线布线
塑料护套线	BVVB	3×1/1.78	2.5	明线布线
二芯软绞线	RVS	2×16/0.15	0.3	不移动电器的连接
三芯软护套线	RVV	3×24/0.2	0.75	移动式电器的连接

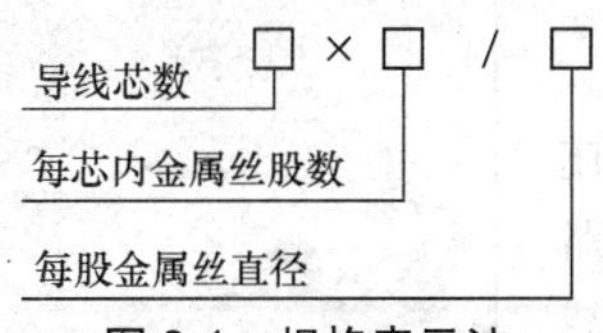

图 3-1　规格表示法

表 3-4　　常用绝缘导线的安全载流量举例

导线种类	标称截面积（mm^2）	安全载流量（A）	允许接用负荷（接交流 220V）（W）
铝线	2.5	12	2400
	4.0	19	3800
铜线	1.0	6	1200
	1.5	10	2000
软铜线	0.41	2	400
	0.67	3	600

表 3-5　　常用绝缘导线认知

名称	用途	图示	名称	用途	图示
棉线编织橡胶绝缘导线	适用于交流500V、直流1000V以下的电气设备和动力、照明线路		聚氯乙烯绝缘护套导线	适用于潮湿或机械防护要求较高的场合，可明敷、暗敷或直接埋于地层内	
氯丁橡胶绝缘导线			聚氯乙烯绝缘软导线	适用于各种移动电器、仪表、电信设备及自动化装置接线	
聚氯乙烯绝缘软导线	适用于交直流移动式电器、电工仪表、电信设备及自动化装置，及日用电器和照明灯线路		聚氯乙烯绝缘平行软导线		
聚氯乙烯绝缘导线	导线耐湿性和耐气候性较好，用途与聚氯乙烯绝缘软导线相同		聚氯乙烯绝缘绞型软导线		

4. 通信电缆

通信电缆一般由导电芯线、绝缘层和保护层组成，芯线有单芯、多芯，并有多种不同的线径。常用通信电缆如表 3-6 所示。

表 3-6　　常用通信电缆

名称	图示	名称	图示	名称	图示
护套铜丝编制屏蔽线		闭路线		音频线	
麦克风线		电话线		网线	

二、绝缘材料

使电气设备中不同带电体相互绝缘而不形成电气通道的材料称为绝缘材料，又名电介质。在直流电压作用下，只有非常微弱的电流流过，导电能力可忽略不计；在交流电压作用下，有微弱的电容电流通过，也可认为不导电。

绝缘材料的稳定性和可靠性是设备正常工作的基础，设备的功能和工作极限在很大程度上取决于绝缘材料的品种和质量。

1. 绝缘材料的基本性能

常用绝缘材料的基本性能如表3-7所示，绝缘耐压强度如表3-8所示，耐热等级如表3-9所示。

表3-7 常用绝缘材料的基本性能

性能指标	意　义
绝缘强度	使绝缘体击穿的最低电压叫做这个绝缘体的击穿电压。单位厚度的电介质被击穿时的电压称为绝缘强度，单位为kV/mm
耐热性	绝缘材料的绝缘性能与温度有密切的关系。温度越高，绝缘材料的绝缘性能越差。为保证绝缘强度，绝缘材料都有一个适当的最高允许工作温度，在此温度以下，可以长期安全使用，超过这个温度就会迅速老化
抗张强度	绝缘材料单位截面积所能承受的拉力。单位为kg/cm^2

表3-8 常用绝缘材料的绝缘耐压强度

材料名称	绝缘耐压强度（kV/mm）	材料名称	绝缘耐压强度（kV/mm）	材料名称	绝缘耐压强度（kV/mm）
干木材	0.36～0.80	纤维板	5～10	白云母	15～18
石棉板	1.2～2	瓷	8～25	硬橡胶	20～38
空气	3～4	电木	10～30	矿物油	25～57
纸	5～7	石蜡	16～30	油漆	干100，湿25
玻璃	5～10	绝缘布	10～54		

表3-9 绝缘材料的耐热等级

等级代号	0	1	2	3	4	5	6
耐热等级	Y	A	E	B	F	H	C
最高温度（℃）	90	105	120	130	155	180	180以上

2. 绝缘材料的种类

绝缘材料按材料的物理状态不同，有气体绝缘材料，如空气、氮气、二氧化碳、六氟化硫等；液体绝缘材料（又称绝缘油），如电解质、变压器油、开关油、硅油等；固体绝缘材料，如纸、绝缘浸渍纤维制品、云母制品、电工塑料、陶瓷、橡胶等。

按化学性质不同，有无机绝缘材料（如云母、石棉、大理石、瓷器、玻璃等）、有机绝缘材料（如树脂、橡胶、棉纱、麻、人造丝等）和混合绝缘材料。

3. 电气绝缘产品的种类与示例

电气绝缘产品按应用或工艺特征分类如表3-10所示。

表 3-10　　电气绝缘产品种类与示例

种类	漆、树脂和胶类	浸渍纤维制品类	层压制品类
图示	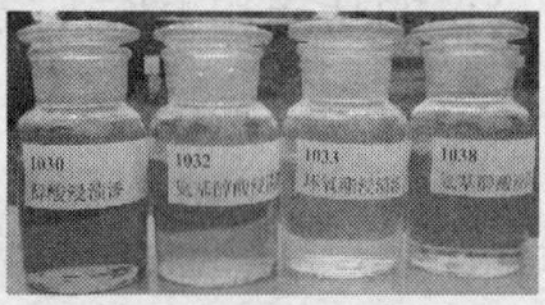	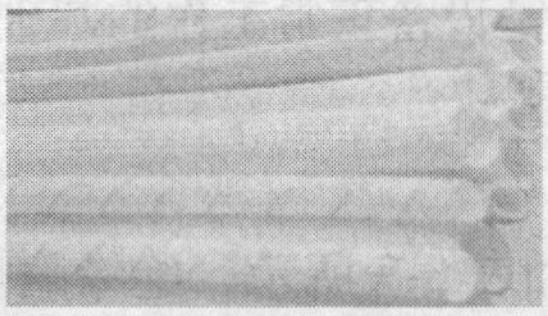	
种类	压塑材料类	云母制品类	薄膜、粘带和复合制品类
图示	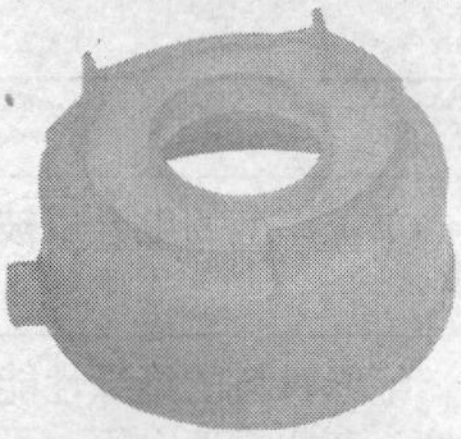		
种类	纤维制品类	绝缘液体类	
图示			

4. 绝缘材料选用的基本原则

绝缘材料选用的基本原则如表 3-11 所示。

表 3-11　　选用绝缘材料基本原则

考虑因素	说　明	考虑因素	说　明
特性和用途	熟悉各种绝缘材料的型号、组成及特性和用途	经济效益	将当前与长远效益相结合
使用范围和环境条件	明确绝缘材料的使用范围和环境条件，了解被绝缘物件的性能要求，如绝缘、抗电弧、耐热等级、耐腐蚀性能	施工条件	充分考虑材料的施工要求和自身的施工条件
产品之间的配套性	各相关材料选用同一绝缘耐热等级的产品		

三、磁性材料

磁性是物质的基本属性之一，磁性材料是一种重要的电材料，如发电机、电动机的定子和转子的铁芯，计算机的磁鼓、磁带、磁盘等，都是由磁性材料制成的。一般有软磁性材料和硬磁性材料（永磁体），其特性和用途如表 3-12 所示。

表 3-12　　磁性材料

种类	主 要 特 性	材 料 名 称	用　途
硬磁性材料	磁化后能长久保持磁性的材料	高碳钢、铝镍钴合金、钛钴合金、钡铁氧体	各种永久磁铁、扬声器的磁钢和电子电路中的记忆元件
软磁性材料	磁化后容易去掉磁性的材料	纯铁、铁合金、软磁铁氧体	电器铁芯、磁头、功能磁性元件

几种常用的磁性材料制品如表 3-13 所示。

表 3-13　常用磁性材料制品

名称	图　示	名称	图　示	名称	图　示
硅钢片		磁棒		磁帽	
铁氧体磁芯		条形磁铁		蹄形磁铁	
指南针		视频磁头		音频磁头	

四、焊接材料

焊接材料有焊料和助焊剂，焊料用于连接金属，助焊剂用于清除金属表面氧化物。

1．焊料

焊料是一种熔点比被焊金属低的易熔金属及其合金，它熔化时在被焊金属不熔化的情况下能润浸被焊金属表面，并在接触面处形成合金层而与被焊金属连接在一起。

焊料按熔点不同有软焊料和硬焊料两种，熔点大于 450℃的为硬焊料，小于 450℃的为软焊料。按成分不同又有锡铅焊料、银焊料和铜焊料之分。焊料材料的配比不同，性能就不同，焊料的选择对焊接质量有很大的影响。在一般电子产品装配和维修中焊接主要使用锡铅合金软焊料（共晶焊料），俗称焊锡。

（1）焊锡的特点及用途

焊锡的特点及用途如表 3-14 所示。

表 3-14　焊锡的特点及用途

名　称	色　泽	熔点（℃）	特　　性
锡（Sn）	银白色金属	232	质地柔软、延展性好，在常温下化学性能稳定，不易氧化，不失金属光泽，抗大气腐蚀能力强
铅（Pb）	浅青白色金属	327	抗大气腐蚀能力强，化学稳定性好，对人体有害
锡铅合金	锡 63%、铅 37%	260±15	熔点低、流动性好、对元件和导线的附着力强、机械强度高、导电性好、不易氧化、抗腐蚀、焊点光亮美观

(2) 焊锡的形状

焊锡在使用时常按规定的尺寸加工成型，有丝状、片状、块状、长条状、带状、颗粒状和粉末状等。

① 丝状又叫松脂芯焊丝，主要用于手工焊接。由助焊剂与焊锡制作在一起做成管状，在焊锡管中夹带固体助焊剂。助焊剂一般选用特级松香为基质材料，并添加一定的活化剂。外径通常有 0.6mm、0.8mm、1.0mm、1.2mm、1.6mm、2.0mm、2.3mm、3.0mm 等规格。

② 片状常用于硅片及其他片状焊件的焊接。

③ 带状常用于自动装配的生产线上，用自动焊机从制成带状的焊料上冲切一段进行焊接，以提高生产效率。

(3) 无铅焊锡

铅及其化合物会给人类生活环境和安全带来较大的危害，电子工业中大量使用锡铅合金焊料是造成应用污染的重要来源之一。最有可能替代锡铅焊料的合金是锡铅为主添加银(Ag)、锌(Zn)、铜(Cu)、锑(Sb)、铋(Bi)、铟(In)等金属元素，通过焊料合金化来改善合金性能提高可焊性。

常用的无铅焊料主要是以锡/银、锡/锌、锡/铋为基体，添加适量其他金属元素组成三元合金和多元合金，如表 3-15 所示。例如 96.5%的锡、3.0%的银和 0.5%的铜组成的无铅锡丝，其焊接温度为(330±20)℃。

表 3-15 常用无铅焊料

成分	优 点	缺 点
锡/银	具有优良的机械性能、拉伸强度、蠕变特性及耐热老化比锡/铅焊料稍差，但不存在延展性随时间加长而劣化的问题	熔点偏高，比锡/铅高 30℃/40℃，润湿性差，成本高
锡/锌	机械性能好，拉伸强度比锡/铅焊料好，可拉制成丝材使用；具有良好的蠕变特性，变形速度慢，至断裂时间长	锌极易氧化，润湿性和稳定性差，具有腐蚀性
锡/铋	熔点低，与锡/铅焊料接近；蠕变特性好，合金拉伸强度增大	延展性差，硬而脆，不能加工成线材使用

(4) 焊膏

焊膏由焊粉、有机物和熔剂拌合在一起制成糊状物，焊接时，先用丝网、模板或点膏机印涂在印制电路板上，然后进行焊接。它是表面安装技术中一种重要的材料，自动贴片工业中大量使用。

焊粉是用于焊接的金属粉末，直径 15～20μm，有锡/铅、锡/铅/银和锡/铅/铟等品种；有机物是树脂或一些树脂熔剂混合物，用来调节和控制焊膏的黏性；熔剂是触变胶、润滑剂、金属清洗剂等。

2. 助焊剂

助焊剂是在焊接过程中一种必不可少的材料，它有助于清洁被焊接面，防止焊面氧化，增加焊料的流动性，使焊点易于成型，提高焊接速度和焊接质量。

(1) 助焊剂的种类

常用的有无机类助焊剂、有机类助焊剂和树脂类助焊剂三大类。无机类助焊剂包括无机酸和无机盐，熔点约为 180℃，化学作用强，腐蚀性大，焊接性非常好；有机类助焊剂由有机酸、有机类卤化物以及各种胺盐树脂类等合成，具有一定程度的腐蚀性，焊接时有废气污染。它们都不宜在电子产品装配中使用。

树脂类助焊剂的主要成分是松香，松香在加热的情况下，能去除焊件表面氧化物，焊接后形成的膜层能覆盖和保护焊点不被氧化腐蚀。其残渣具有无腐蚀性、非导电性、非吸湿性，焊接时污染小，焊后容易清洗，成本低，在电子产品装配和维修中应用较广。其缺点是酸值低、软化点低（55℃左右），易结晶、稳定性差，在高温时容易碳化而造成虚焊。

（2）使用助焊剂注意事项

① 所用助焊剂熔点要低于焊料熔点，且无刺激性和有害性气体产生，不导电、无腐蚀性，残留物无副作用，易于清洗。最好不用酸性助焊剂。

② 使用助焊剂时，烙铁头在助焊剂上碰一下即可；助焊剂在烙铁上易挥发，烫过后要立即去施焊，否则起不了助焊作用。

③ 松香为固态，可盛在一个铁盒子里。

④ 当助焊剂存放时间过长时，其成份会发生变化，活性变差，不宜使用。常用的松香助焊剂在温度超过 60℃时，绝缘性会下降，焊接后的残渣对发热元件有较大的危害，要及时清除掉。

3. 清洗液

纯酒精是一种常用的成本低的清洗液，因其不含水分，所以绝缘性好，不会引起电路短路，也不会使铁质材料生锈；由于它易挥发，所以要密封保存。专用的高级清洗液清洗效果更好，但价格比较贵，如专门用于清洗磁头的清洗液。

4. 焊接用材料制品

焊接用材料制品如表 3-16 所示。

表 3-16　　焊接用材料制品

名称	用途	图示	名称	用途	图示
含铅焊锡丝	适合电子元器件的焊接		无铅焊锡丝	适合电子元器件的焊接	
无铅焊锡球	适合芯片、晶振、二极管的微细部分焊接		焊条	适合波峰及手浸炉焊	

续表

名称	用途	图　示	名称	用途	图　示
片状焊料	适合硅片及其他片状焊件的焊接		带状焊料	适合自动装配生产线的焊接	
松香	手工焊接时用作助焊剂		焊锡膏	用于高精密电子元件中做中高档环保型助焊剂	
免洗助焊剂	适合波峰、喷雾工艺和高档次、高精度产品的焊接		无铅助焊膏	适用于手机一类产品的PCB、BGA及PGA等SMD的返修焊接	
松香水	适合PCB板的处理，以提高焊点的可焊性与抗氧化性		酒精	去污效果强、易挥发，适合电子产品的清洁维护	
磁头清洁剂	适用磁头、磁碟片、音箱、录放影机、CD、卡拉OK、电子接点的清洁保养		精密电子清洗剂	用于清洁电子接点、电子线路板等	

五、电池

电池常用的有干电池、蓄电池、微型电池和以其他能量转换的电池，如太阳电池等。

1．电池的种类

电池的种类如表3-17所示。

表 3-17 电池的种类

依　据	种　类
外形	一般圆柱形、扣形、方形、块状、薄片形
工作性质	一次电池（原电池）、二次电池（可充电电池）
用途	工业使用、消费性使用
能量转换形式	化学电池、物理电池

常用电池举例如表 3-18 所示。

表 3-18 常用电池

名称	特性简介	应　用	图　示
普通锌锰电池	常用的干电池，电压 1.5V，起始电压可达 1.6V。 电池价格比较便宜，电量较好，储存时间长，温度适应性好。内阻比较大，放电电流较小	适用于小电流和间歇放电的场合，如用于收音机、手电筒等	
碱性锌锰电池	不可充电电池，电压 1.5V。它是锌锰电池系列中性能最优的品种。同等型号的碱锰电池是普通电池的容量和放电时间的 3～7 倍	适用于大电流连续放电，特别适用于照相机闪光灯、剃须刀、电动玩具、CD 机、数码相机等	
扣形碱性电池	AG（AG0～AG13）系列，电压分别为 1.2V、1.35V、1.4V、1.5V、1.55V	适用于音乐卡、计算器、语音表、助听器、电子记事本、快译通、电子表、医疗器具、闪灯鞋等	
镍镉电池	可充电电池，电压 1.2V，循环使用寿命 300～800 次。具有良好的大电流放电特性、耐过充放电能力强、维护简单。但使用不当，会出现严重的“记忆效应”使得使用寿命大大缩短。镉有毒，不利于环保	适用于手机、笔记本电脑等	
镍氢电池	可充电电池，电压 1.2V，循环使用寿命 400～1000 次。具有较大的能量密度比，基本上无“记忆效应”	适用于照相机、摄像机、手机、对讲机、笔记本电脑、各种便携式设备和电动工具等	
锂离子电池	可充电电池，块状电压 3.6V，循环使用寿命 500～800 次。能量密度比是镍氢电池的 1.5～2 倍，几乎没有“记忆效应”，无毒，价格较贵	适用于照相机闪光灯、剃须刀、电动玩具、手机、数码相机等	

续表

名称	特性简介	应用	图示
锂离子电池	LIR 系列锂离子扣形电池，电压 3.6V	适用于计算器、打火机、电子表等	
密封铅酸蓄电池	可充电电池，单节电压 2V，循环使用寿命 200～300 次。体积和容量较大，放电电流较大	适用于电动自行车、汽车、摩托车等	
锌-氧化银电池	SR 系列扣形电池，电压 1.5V，放电电流较小，适合微安级的放电要求	适用于计算器、电子玩具、助听器、打火机、电子表等	
锂—二氧化锰电池	CR 系列扣形电池，电压为 3.0V	适用于电子词典、计算器、计算机主板 CMOS 电池、电子表等	
叠层电池	由扁平形的单体锌锰电池按一定方式组装而成的高压电池组，典型型号有 6F22（9V）、4F22（6V）、23A（12V）、25A（9V）、26A（6V）、27A（12V）等	适用于以小电流、高电压为电源的各种仪表	
硅光电池	俗称太阳能电池，是一种直接把光能转换成电能的半导体器件	适用于计算器、太阳帽、手电筒，或利用太阳能发电照明等	

2. 电池的主要参数

电池的主要参数如表 3-19 所示。

表 3-19　　电池的主要参数

主要参数	意义	示例
电动势	两个电极的平衡电极电位之差	铅酸蓄电池为 2.046V
额定电压	又称标称电压，在常温下的典型工作电压	
开路电压	电池在开路状态下的端电压	开路电压近似等于电动势
额定容量	电池应能放出的最低容量，单位为毫安·小时（mA·h）、安培·小时（A·h），以符号 C 表示，且常在其右下角以阿拉伯数字标明放电率	如 C_{20}=50，表明在 20 小时率下的容量为 50 A·h
短路电流	电池的两个电极被短路的瞬时电流	七号高容量电池短路电流为 3.0A 以上

续表

主要参数	意　义	示　例
内阻	电流通过电池内部时受到的阻碍。不同类型电池的内阻各不相同，其值越小电池越好。同一电池的内阻也不是常数，它随时间逐渐变大	新的普通七号电池通常为 0.5Ω、锂电池约在 0.1Ω 以下
储存寿命	从电池制成到开始使用之间允许存放的最长时间。以年为单位	循环寿命是蓄电池在满足规定条件下所能达到的最大充放电循环次数

3. 使用电池注意事项

由于电池的材料不同，内阻有差异，不同种类的电池一般不能混合使用，否则会影响到电池的效率。同一类型的新旧电池也因其内阻不一而不能混用，否则，旧电池的内阻就会白白地消耗掉新电池的能量。

对于干电池而言，还要注意以下几点。

① 要根据不同负载选择电池的规格，重视短路电流的实际意义。

② 电池长期不用或电池用完要从机器中取出。

③ 购买时要注意电池底部标注的生产日期和保质期，不宜长期存放。

④ 废旧电池不要随意丢弃，电池中所含的汞、镉、铅等重金属，对人体和环境都有危害。

六、常用耗材

常用耗材如表 3-20 所示。

表 3-20　　常用耗材

名称	用　途	图　示	名称	用　途	图　示
胶棒	用于电子玩具、电器元器件、陶瓷等包装互粘		绝缘胶带	用于电线缠绕、各类电机、电子零件的绝缘保护	
绝缘胶布	用于变压器、线圈等制作用绝缘，缠绕材料、线路固定及捆扎等		套管	用于各种线束、焊点、电感的绝缘保护	
电子护套	用于端子压紧后的绝缘与保护		AB 胶	用于粘接塑料与塑料、塑料与金属、金属与金属等	
502 胶水	用于粘接金属、皮革、电子、橡胶等		砂纸	用于木材、石材、金属的抛光打磨	

续表

名称	用　途	图　示	名称	用　途	图　示
吸锡网线	精密仪器、线路板焊接用		塑料扎带	用于家用电器、电机、电子玩具等内部连接线的捆扎、固定	
闭端子	用于各种电器产品、灯饰、家庭配线工程等		三氯化铁	用于线路板、铜字制作的蚀刻剂	

第二部分　项目实训

一、连接有线电视插头

根据图 3-2 所示的有线电视用户视频同轴电缆插头结构示意图，进行连接制作练习。

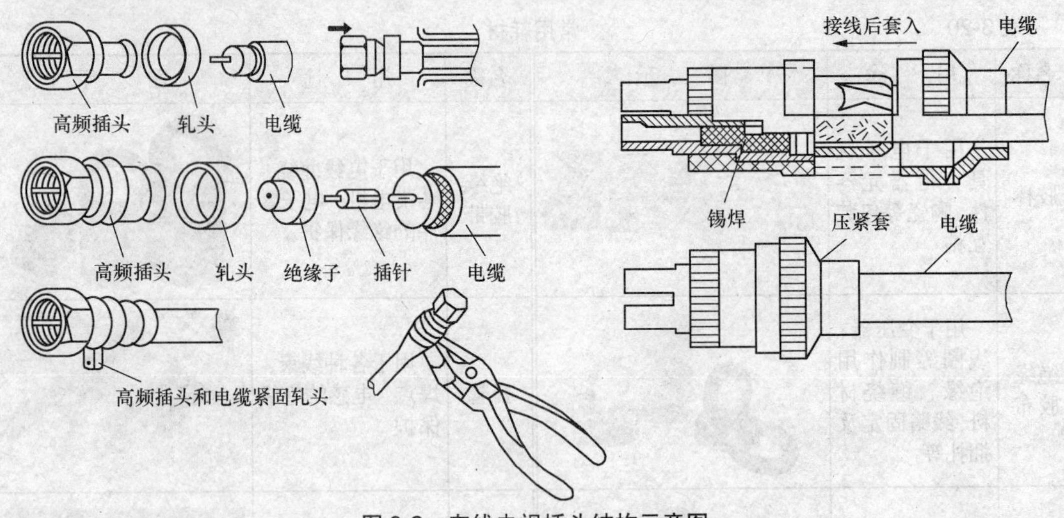

图 3-2　有线电视插头结构示意图

二、电子产品装配常用材料识别

由示例实物图，将常用电子产品装配材料的识别情况记录于表 3-21 中。

表 3-21 常用电子产品装配材料的识别

名称	用 途	图 示	名称	用 途	图 示

三、常用电池的识别

由示例实物图，将常用电池的识别情况记录于表 3-22 中。

表 3-22 常用电池的识别

名称	特 性	应 用	图 示
普通锌锰电池			
扣形碱性电池			

续表

名称	特　　性	应　　用	图　　示
锂离子电池			
密封铅酸蓄电池			
叠层电池			
硅光电池			

项目四　常用电子仪器仪表的使用

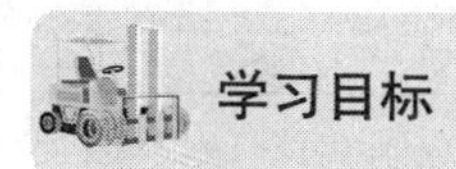

学习目标

学习目标		学习方式	学时
知识目标	了解仪表的面板结构与标志符号的意义	教师讲授	8 课时
技能目标	① 熟悉常用电子仪器仪表的操作及使用方法； ② 能正确使用常用电子仪器仪表进行多种电参数的测量； ③ 掌握常用电子仪器仪表使用中的注意事项	学生认识、练习，教师指导。 重点：标志符号、使用方法、注意事项	

常用电子仪器仪表一般是指测量电压、电流、频率、波形、元器件参数等所用的仪表，以及各种标准信号发生器。

第一部分　项目相关知识

一、仪表的面板结构与标志符号的意义

根据国家标准，每块电子仪表面板上都标有仪表的品牌、产品型号、被测量的单位、工作原理系列、精度等级、正常工作位置、绝缘强度、使用条件、防御外磁场等级、制造标准、制造许可证号码以及各种额定值（量限）等内容。以图 4-1 所示 85L1-A 型交流安培表面板为例，其符号说明如表 4-1 所示。

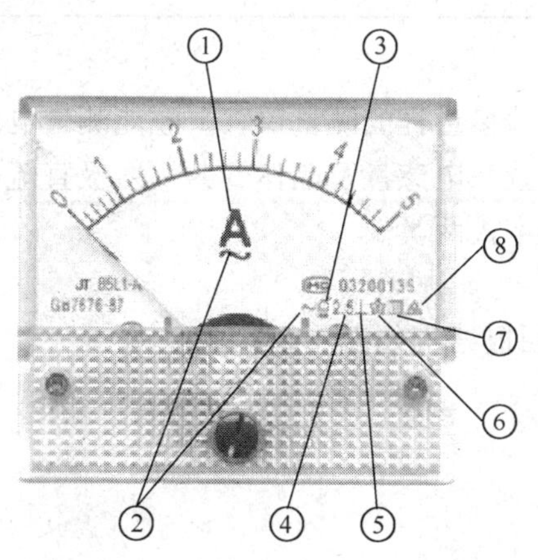

图 4-1　85L1-A 型交流安培表面板

表 4-1　　85L1-A 型交流安培表的名称、符号（代码）及说明

标号	名　称	符号（代码）	说　明
①	电表类型	A	安培表
②	被测量对象性质	~	适用于交流电的测量
③	工作原理类型	[整流式仪表符号]	整流式仪表
④	精度等级	2.5	精度为 2.5 级。 国家标准规定电工仪表的精度等级分为 0.1、0.2、0.5、1.0、1.5、2.5、5.0 七个等级。通常将 0.1 级、0.2 级及以上仪表作为标准仪表进行精密测量；1.5 级及以下仪表作为一般工程的测量或作为固定式仪表使用；学生一般用 2.5 级～5 级
⑤	仪表工作位置	⊥	垂直安装才能正常使用
⑥	绝缘强度	☆2	绝缘层经过了 2kV 耐压的试验，在 220V 电压环境下能安全工作
⑦	防御外磁场等级	[Ⅱ]	具有Ⅱ级防外磁场及电场的能力，允许产生误差在 1.0%以内
⑧	使用条件	△B	能在 20～50℃，湿度 85%以下的环境下正常工作（即室内）

二、万用表

万用电表是一种多功能、多量程的测量仪表。它能测量电流、电压、电阻，档次稍高的还可测量交流电流、电容量、电感量及晶体管共发射极直流电流放大系数。万用表有很多种，形式上有指针式和数字式两类。

1. MF-47F 型万用表

（1）MF-47F 型万用表面板结构如表 4-2 所示。

表 4-2　　MF-47F 型万用表面板结构

<table>
<tr><th>类型</th><th>内　容</th></tr>
<tr><td>外形</td><td>
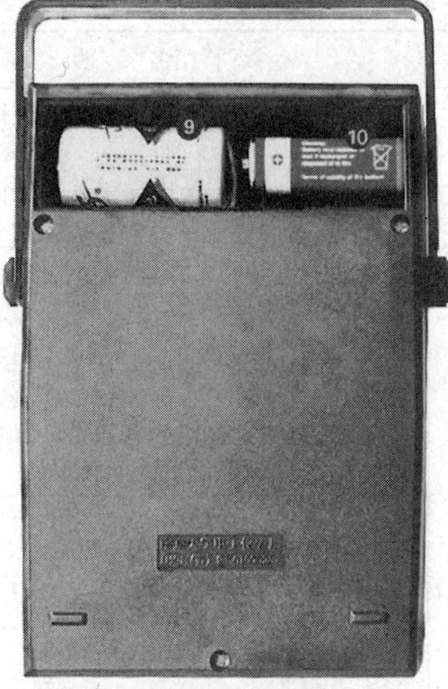
①—表盘；　②—机械调零旋钮；　③—欧姆调零旋钮；
④—挡位/量程选择开关；　⑤—晶体管测试孔；　⑥—表笔插孔；
⑦—高压测试插孔；　⑧—大电流测试插孔；　⑨—1.5V 电池；
⑩—9V 电池</td></tr>
<tr><td>表盘标度尺</td><td>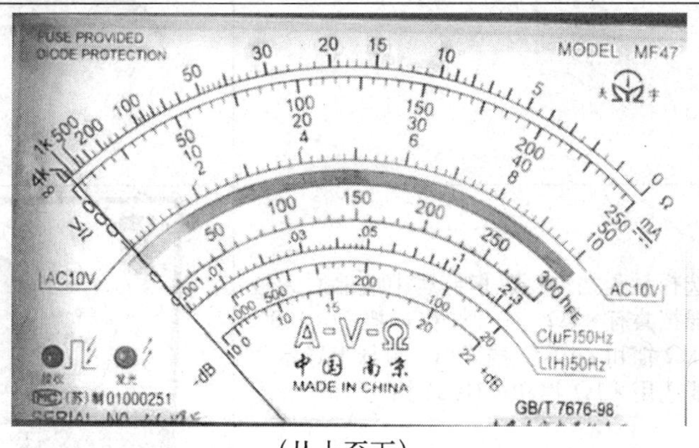
（从上至下）
电阻标度尺　用“Ω”表示
直流电压、交流电压及直流电流共用标度尺　分别在标尺左右两侧用“$\frac{V}{\sim}$”和“$\frac{mA}{---}$”表示
10V 交流电压标度尺　用“AC10V”表示
晶体管共发射极直流电流放大系数标度尺　用“h_{FE}”表示
电容容量标度尺　用“C（μF）50Hz”表示
电感量标度尺　用“L（H）50Hz”表示
音频电平标度尺　用“dB”表示</td></tr>
</table>

(2) 直流电阻的测量

测量直流电阻的使用操作如表 4-3 所示。

表 4-3　　直流电阻的测量

类型	说　　明	图　　示
使用前的检查与调整	① 外观应完好无损，轻轻摇晃时，指针摆动自如。 ② 旋动转换开关切换灵活无卡阻，挡位准确。 ③ 水平放置万用表，用螺钉旋具转动表盘指针下面的机械调零螺丝，使指针对准标度尺左边的“0”位线。 ④ 黑表笔插接“-”极插孔，红表笔插接“+”极插孔。 ⑤ 检查测量机构的有效性，如应用欧姆挡，短时碰触两表笔，指针偏转灵敏	
欧姆调零	将转换开关置于欧姆挡的适当位置，两支表笔短接，旋动欧姆挡调零旋钮，使指针对准欧姆标度尺右边的“0”位线。测量电阻前都要进行欧姆挡调零，若指针始终不能指向“0”位线，则应更换电池	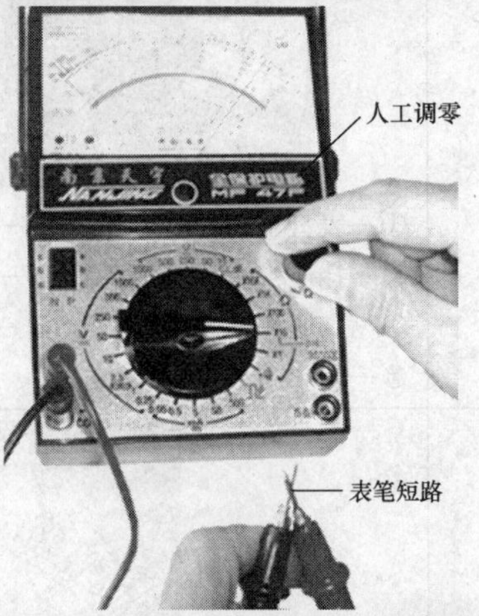 人工调零 表笔短路
选择量程	合理选择量程挡位，以指针居中或偏右为最佳。欧姆挡共有 ×1Ω 挡、×10Ω 挡、×100Ω 挡、×1kΩ 挡和 ×10kΩ 挡五挡，测量半导体器件时不要选用 ×1Ω 挡和 ×10kΩ 挡	
测量与读数	断开被测电路的电源及连接导线，让表笔与被测电路亲密接触，正确读数并计算出实测值。 选择不同的量程范围，其读数的结果不同。 挡位　　对应电阻值 ×1Ω 挡　　10.8Ω ×10Ω 挡　　10.8×10Ω ×100Ω 挡　　10.8×100Ω ×1kΩ 挡　　10.8×1kΩ ×10kΩ 挡　　10.8×10kΩ	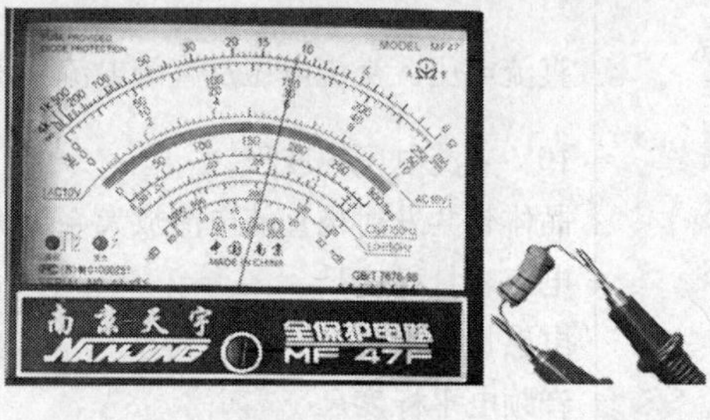

（3）电压与电流的测量

测量电压与电流的使用操作如表 4-4 所示。

表 4-4 电压与电流的测量

类型	说　明	图　示
电压的测量	① 表笔与被测电路并联。测量直流电压红表笔接高电位，黑表笔接低电位；测量交流电压不区分表笔。 ② 若被测电压无法估计，先选择最高挡进行测量，再视指针偏摆情况作调整。所选用的挡位愈接近被测值，测量的数值就愈准确。 ③ 测量交流或直流高压（500～2500V），量程选择开关则置于交流1000V挡或直流1000V挡，将红表笔插入高压专用插孔，黑表笔插入"-"插孔内。戴上绝缘手套，站在绝缘垫上使用高压测试笔进行测试，且与带电体保持安全间距	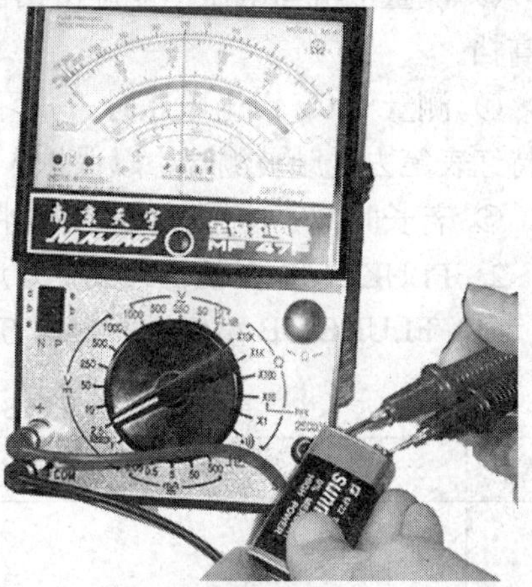 测量直流电压 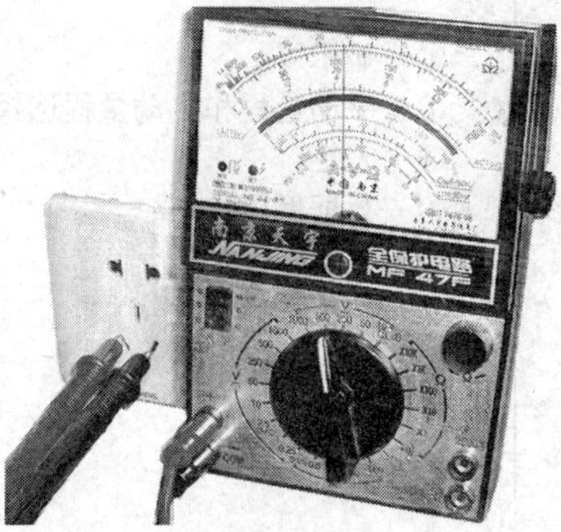 测量交流电压
电流的测量	① 表笔与被测电路串联。若被测电流无法估计，先用最高电流挡进行测量，再视指针偏摆情况作调整。 ② 测量直流电流时，要注意"+"、"-"极性，不要接错。若发现指针反转，应立即调换表笔，以免损坏指针及表头。 ③ 测量大电流（500mA～5A），将红表笔插入 5A 专用插孔，黑表笔插入"-"插孔内；量程选择开关置于 500mA 挡。 ④ 因表头满偏电压值仅为 1V，超过它则必然造成万用表的损坏，所以禁止用电流挡测量电压。 右图中： 上为万用表串联在集电极回路中测 I_c； 下为万用表串联在放大器基极回路中测 I_b	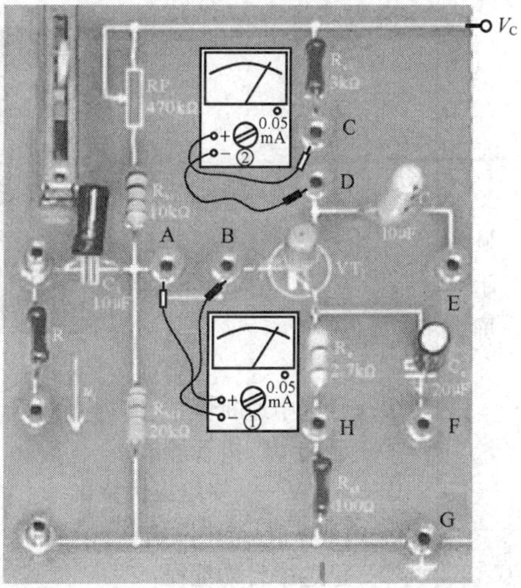 V_C RP 470kΩ R_c 3kΩ 0.05 mA ② C D R_b 10kΩ A B VT E C_1 10μF 0.05 mA ① R_e 2.7kΩ R_{b2} 20kΩ H F R_{e1} 100Ω G

(4) 使用注意事项

① 不能用两只手同时捏住表笔的金属部分测电阻器的电阻，否则会因将人体电阻并接于被测电阻器而引起测量误差。

② 根据被测对象，正确读取标度尺上的数据。

③ 测量电流与电压不能旋错挡位。不用时，最好将挡位/量程选择开关旋至交流电压最高挡。

④ 测量 100V 以上电压时，亦习惯于单手操作，即先将黑表笔置电路零电位处，再单手持红表笔去碰触被测端，以保护人身安全。

⑤ 若长时间不使用万用表，要将表中的电池取出，防止电池漏液。

2. FLUKE15B 型便携式数字万用表

(1) FLUKE15B 型便携式数字万用表面板结构（见表 4-5）。

表 4-5　FLUKE15B 型便携式数字万用表面板结构

类型	内　容
外形	①—显示屏； ②—手动量程和自动量程选择按钮； ③—表笔； ④—数据保留按钮； ⑤—电池节能按钮； ⑥—挡位选择开关； ⑦—输入端子 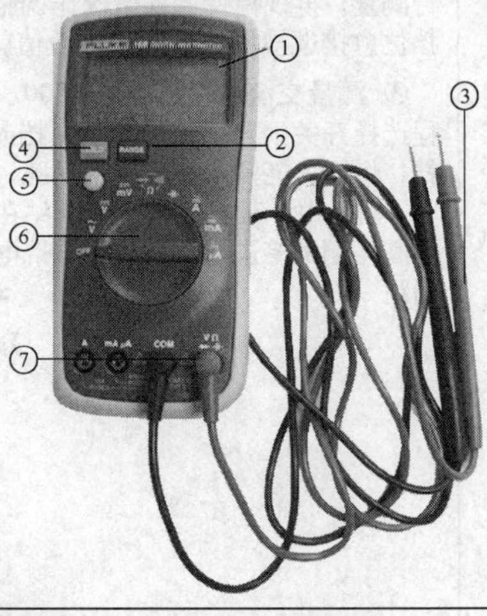
显示屏	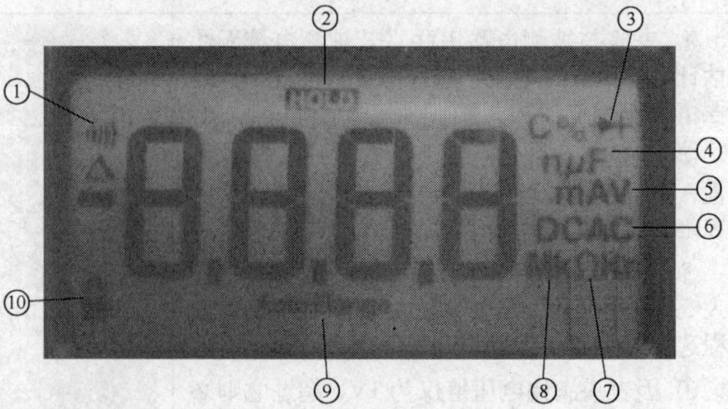 ①—已选中通断性；　②—已启用数据保留模式； ③—已选中二极管测试；　④—F——电容法拉； ⑤—A、V——安培或伏特；　⑥—DC、AC——直流或交流电压或电流； ⑦—Ω——已选中欧姆；　⑧—m、M、k——十倍数前缀； ⑨—已选中自动量程；　⑩—电池电量不足，应立即更换

续表

类型	内容
挡位	①—挡位选择开关； ②—电源开关； ③—交流电压挡； ④—直流电压挡； ⑤—直流电压毫伏挡； ⑥—电阻挡； ⑦—电容量挡； ⑧—交流/直流电流安培挡； ⑨—交流/直流电流毫安挡； ⑩—交流/直流电流微安挡 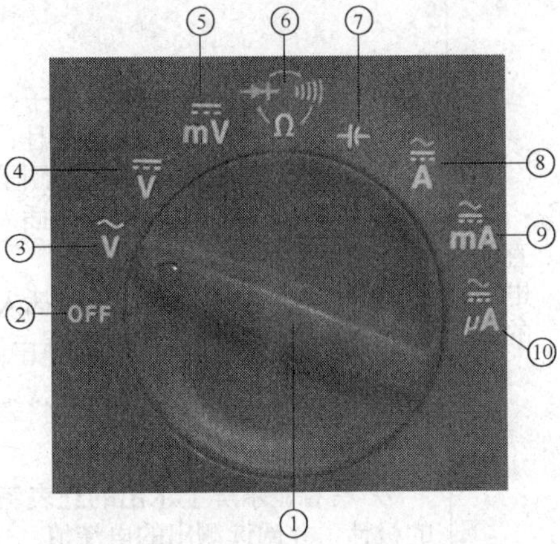

（2）FLUKE15B 型便携式数字万用表使用举例（见表 4-6）。

表 4-6　　FLUKE15B 型便携式数字万用表使用举例

类型	说　明	图　示
直流电压的测量	① 将黑表笔插入 COM 端子，红表笔插入 VΩ 端子； ② 将挡位选择开关转置于 V 或 mV 量程范围内； ③ 将表笔探头接触要测量的电路测试点，测量电压； ④ 察看显示屏上示出的红表笔所接端的极性，并读出测得的电压值	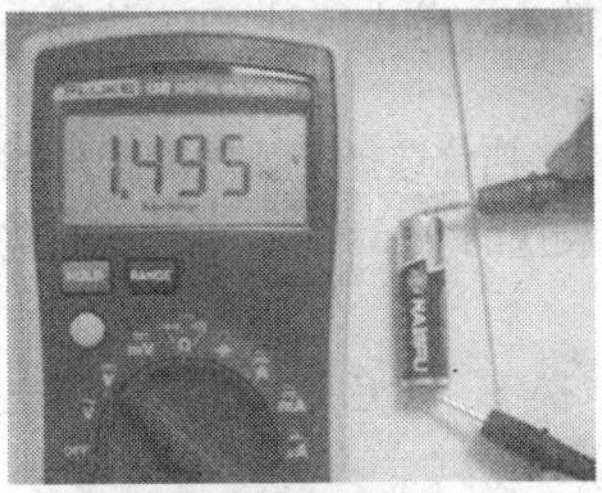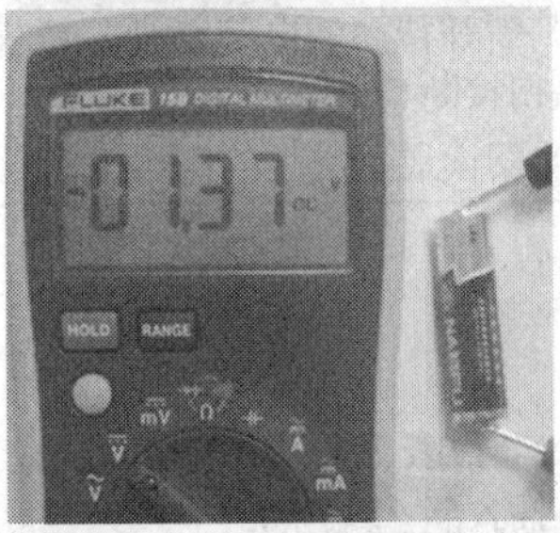
交流电压的测量	① 将黑表笔插入 COM 端子，红表笔插入 VΩ 端子； ② 将挡位选择开关转置于 $\tilde{V}$ 量程范围内； ③ 将表笔探头接触想量的电路测试点，测量电压； ④ 读出显示屏上测得的电压值	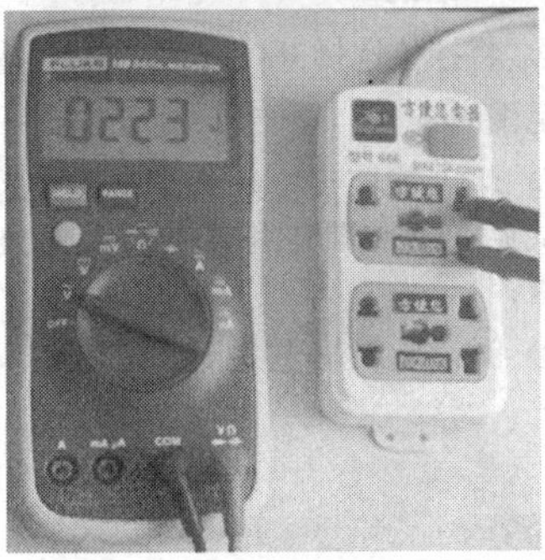

续表

类型	说　明	图　示
直流电流的测量	① 将黑表笔插入 COM 端子，当测量最大值为 400mA 的电流时，红表笔插入 mA、μA 端子，当测量最大值为 10A 的电流时，红表笔插入 A 端子； ② 将挡位选择开关置于与插入端子相应的A、mA、μA量程范围内；    ③ 断开待测的电流路径，将表笔探头衔接断口并施用电源； ④ 察看显示屏上示出的红表笔端的极性，并阅读测出的电流值	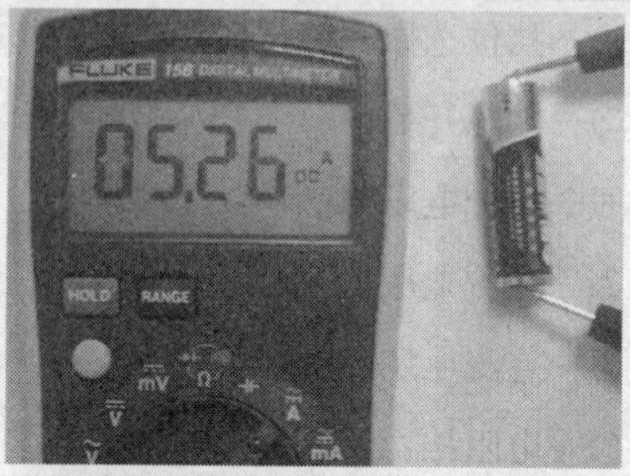 
交流电流的测量	① 将黑表笔插入 COM 端子，当测量最大值为 400mA 的电流时，红表笔插入 mA、μA 端子，当测量最大值为 10A 的电流时，红表笔插入 A 端子； ② 将挡位选择开关转置于与插入端子相应的A、mA、μA量程范围内；    ③ 按下“黄色”按钮切换到交流电流测量； ④ 断开待测的电流路径，将表笔探头衔接断口并施用电源； ⑤ 阅读显示屏上的测出电流值	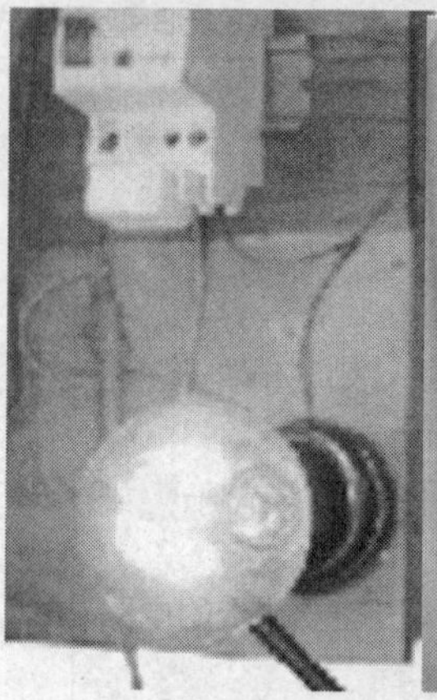 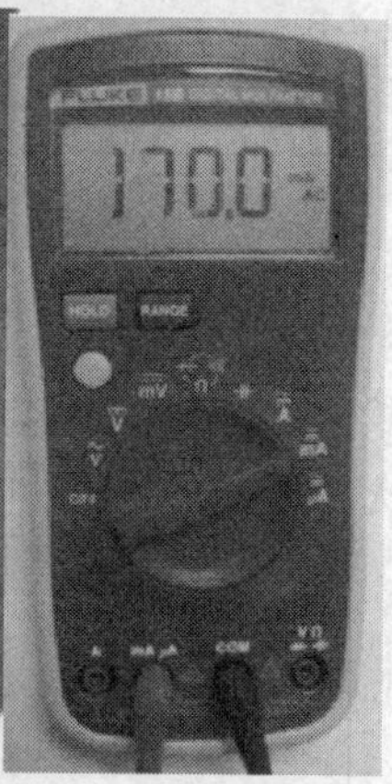
电阻的测量	① 将黑表笔插入 COM 端子，红表笔插入VΩ端子； 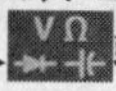 ② 将挡位选择开关转置于Ω量程范围内；  ③ 将表笔探头接触想测量的电路测试点（或待测电阻器上），测量电阻值； ④ 阅读显示屏上的测出电阻值	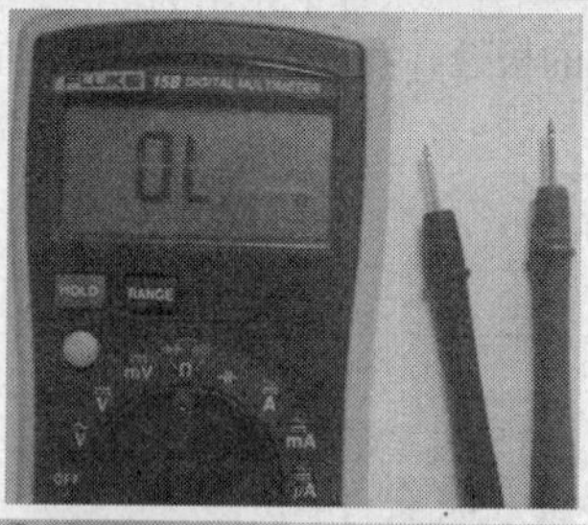 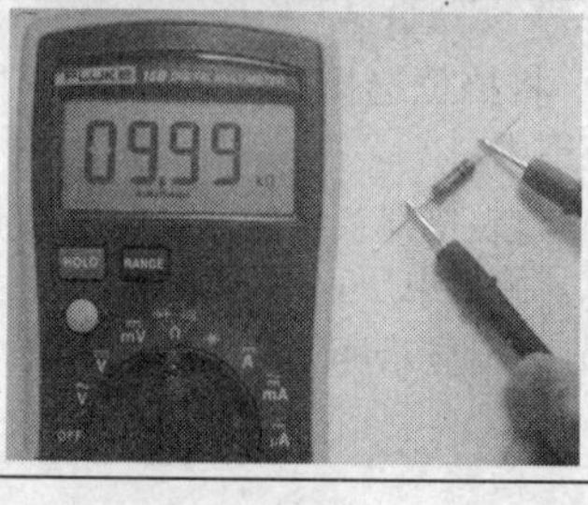

续表

类型	说　明	图　示
二极管检测	① 将黑表笔插入 COM 端子，红表笔插入 V Ω 端子（红表笔极性为“+”）； ② 将挡位选择开关转置于 Ω 挡； ③ 按下“黄色”按钮一次，启动二极管测试； ④ 将红表笔探头接到待测二极管的阳极，黑表笔探头接到阴极； ⑤ 阅读显示屏上的正向偏压值（近似值）（对硅二极管，应有 550～700mV；对锗二极管，应有 150～300mV 的数字显示）	 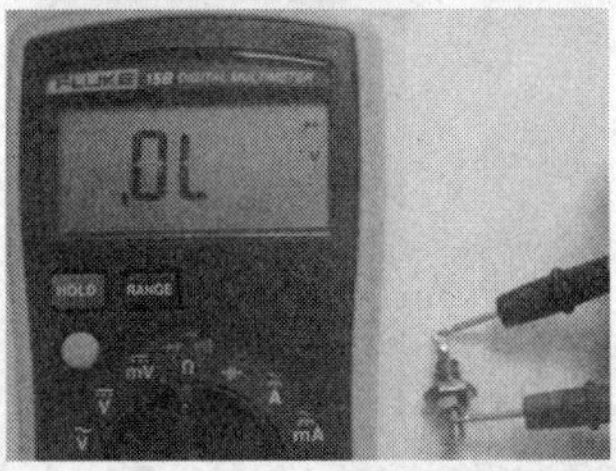
通断性测试	① 将黑表笔插入 COM 端子，红表笔插入 V Ω 端子； ② 将挡位选择开关转置于 Ω 挡； ③ 按两次“黄色”按钮，启动通断性蜂鸣器； ④ 将表笔探头连接到待测电路的两端，若两端之间电阻值不超过 50Ω，内置蜂鸣器会发出连续音，表明短路；若显示屏读数为“OL”，则表明开路	 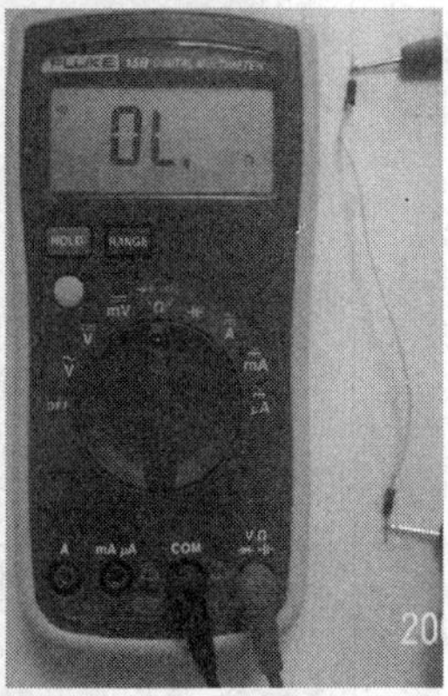
电容量的测试	① 将黑表笔插入 COM 端子，红表笔插入 V Ω 端子； ② 将挡位选择开关转置于 ⊣⊢ 挡； ③ 将表笔探头接触电容器电极引线； ④ 待读数稳定后（长达 15s），阅读显示屏上的电容量值	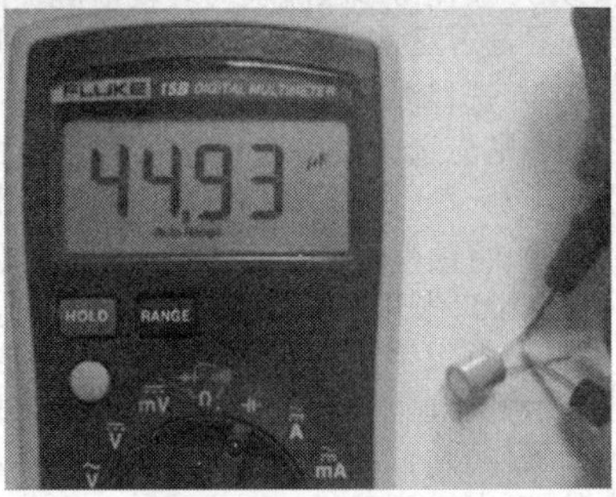

（3）使用注意事项

① 在使用仪表前，要查看机壳是否有裂痕或缺少塑胶件，特别要注意接头的绝缘层；检查表笔的通断性、绝缘是否有损坏或裸露的金属。若有损坏则仪表不能使用。

② 电池电量不足，显示灯（ ）亮时应尽快更换电池。更换电池或保险丝时，应切断电源。

③ 在超出 30V 交流电有效值、42V 交流电峰值或 60V 直流电压时，使用仪表要特别留意电击产生的危险；切勿在任何端子和地线间施加超出仪表上标明的额定电压的电压。

④ 测量电流前，应先检查仪表的保险丝，并关闭电路电源，再将仪表与电路连接。

⑤ 仪表要经常保持清洁干燥，切勿在爆炸性的气体、蒸汽或灰尘附近使用；避免受到猛烈撞击。

三、钳形电流表

钳形电流表主要用来测量交流电流，虽然准确度较低（通常为 2.5 级或 5 级），但因在测量时无须切断电路，因而得到广泛应用。钳形电流表使用简介如表 4-7 所示。

表 4-7　　钳形电流表

类型	内　　容
外形	1—钳口（可张开）；　2—固定铁芯；　3—活动铁芯； 4—铁芯扳手；　5—量程转换开关；　6—测量电阻挡； 7—测量交流电流挡；　8—测量交流电压挡；　9—手柄； 10—V/Ω 表笔插孔；　11—表笔公共端插孔；　12—OFF 挡； 13—数字显示屏；　14—测量直流电压挡；　15—机械调零旋钮； 16—表盘；　17—指针
使用操作	① 根据待测量对象的不同，正确选择不同型号的钳形电流表。 ② 检查钳形电流表的外观情况、钳口闭合情况及表头情况等是否正常。若指针不在零位，则要进行机械调零。 ③ 选择稍大于被测量值的量程。若不知道被测量的大小，则先选大，后选小或看铭牌值估算，使读数在满刻度的 1/2～2/3 左右，以获得较准确的读数。 ④ 将量程转换开关置于合适的挡位，手持手柄，捏紧扳手使钳口张开，将被测导线从铁芯开口处引入铁芯内中心位置，松开扳手并使钳口闭合紧密，钳形电流表表头指针偏转，显示测量值。再捏紧扳手打开钳口，取出被测导线，即完成测量。 ⑤ 将量程转换开关置于最高挡或 OFF 挡，钳形电流表使用完毕
注意事项	① 使用前要检查仪表的绝缘性能是否良好，即外壳无破损，手柄清洁干燥；被测电路的电压不超过钳形表所规定的测量电压，一般不得测量无绝缘的带电线路。 ② 测量时应戴绝缘手套或干净的线手套，并保持安全间距（低压系统为 0.1～0.3m）。 ③ 测量时应一根一根地测量，不可一次测两根或三根线，并在不带电的情况下进行量程转换。 ④ 测量完毕应将量程开关置于最大挡位，长期不用要将内部电池取出

四、晶体管毫伏表

毫伏表是用来测量交流电压幅值的仪表，灵敏度和精确度都很高，因其量程的最小电压挡一般为 1mV，故称之为“毫伏表”。DA-16 型晶体管毫伏表使用简介如表 4-8 所示。

表 4-8　　DA-16 型晶体管毫伏表

类型	内　容
外形	1—表盘； 2—机械调零旋钮； 3—电气调零旋钮； 4—量程选择开关； 5—电源指示灯； 6—被测信号电压输入插座； 7—电源通
使用操作	1．机械调零 将毫伏表垂直放置在水平工作台上，检查表头指针是否静止在左端“0”位置，如有偏差，则要调节机械调零旋钮，使指针指零。 2．零点校正 通电后，将两个输入端短接，量程开关置需要的挡位上，调节电气调零旋钮使指针指“0”位置，然后将量程开关置于高量程挡，拆除输入端的短路线。 在不同的量程，可能会发生零点漂移现象。当改变量程测量时，为保证测量的准确性，还要重新进行电气调零。DA-16 型晶体管毫伏表在小量程挡时，由于噪声的干扰，指针会出现微微抖动的现象，属正常。 3．测量接线 接线时一定要先接地线（低电位线端），再接另一条线（高电位线端），接地线要选择良好的接地点。测量完毕拆线时，要先拆高电位线，再拆低电位线。 同轴电缆的外层为接地线，接线前最好将量程开关置于高电压挡，接线完毕后再将量程开关置于所需的量程。为避免外部环境的干扰，测量导线要尽可能短，且最好选用屏蔽线。 4．选择量程 根据被测信号的大小选择合适的量程。若不知被测电压值大小，先将量程选择开关置于最大挡。 5．读数 量程开关置 1mV、10mV、100mV、0.1V、10V 挡时，从满刻度为 10 的上刻度盘上读数；量程开关置 3mV、30mV、0.3V、3V、300V 挡时，从满刻度为 3 的下刻度盘读数；刻度盘的最大值为量程开关所处挡级的指示值。如量程开关置 3V，则下刻度盘的满量程值就是 3V。 测量电平时，测试点的实际测量值=指针指示值+量程选择开关所选量程挡的分贝值。如量程选择开关置于+10dB（3V），表针指在-2dB 处，则所测电平值=+10dB+(−2dB) = 8dB。 6．结束 测量完毕，将量程选择开关置于最大挡；先拆下高电位线端，后拆下低电位线端；再关闭电源
注意事项	① 由于毫伏表的灵敏度较高，测量时，先做好可靠接地，后接输入信号。测量结束时，则按相反顺序取下连线。否则电路的感应电压会使指针偏转过量而损坏指针。 ② 通常在使用毫伏表时，先把量程置于 300V 挡位（最高电压挡位），以免损坏指针

五、低频信号发生器

信号发生器（俗称信号源）主要是产生不同波形、频率和幅度的电信号，以供测试、调整电子电路使用。DF1028B 型低频信号发生器的使用简介如表 4-9 所示。

表 4-9　　DF1028B 型低频信号发生器

类型	内　容
外形	①—电源开关； ②—电源指示灯； ③—信号电压输出插座及测试电缆； ④—频率倍乘开关； ⑤、⑥、⑦—频率选择开关； ⑧—脉宽调节旋钮； ⑨—输出衰减器； ⑩—输出幅度调节旋钮； ⑪—波形选择开关； ⑫—功率输出端； ⑬—表头
使用操作	以输出 10kHz、10mV 的正弦交流信号为例： ① 打开电源开关，给信号发生器接通工作电源，电源指示灯亮。 ② 调节波形选择开关，使信号发生器输出正弦波信号。 ③ 将频率倍乘开关置于 1kHz 挡位；将频率细调旋钮×1 挡置于“10”位置，×0.1 挡置于“0”位置，×0.01 挡置于“0”位置。 即 f=1kHz×10+1kHz×0+1kHz×0=10kHz+0+0=10kHz。 ④ 调节输出幅度调节旋钮，使输出电压约为 10V（电压表头指示）。 ⑤ 观察电压表头指针指在约 10V 位置（表头并接在电压放大器的输出端，不受输出衰减器的控制，指示的是信号发生器产生的信号电压）。 ⑥ 将输出衰减器置于 60dB 挡位，即将输出电压衰减 1000 倍，使输出电压为：U=10V/1000=10mV。 ⑦ 将输出线插入仪器信号输出插座，线夹一端与实验电路的输入端相接（黑线夹接地），实验电路即可获得一个 10kHz、10mV 的正弦交流信号电压
注意事项	① 接通电源前，检查测量装置的接线是否正确。仪器的扳键、按钮是否松脱、错位；观察指针是否指零，若有差异，可调节机械调零旋钮，使指针指示回位。 ② 注意防尘、防潮、防腐、防震等方面的日常维护

六、示波器

示波器是时域测量仪器，有模拟示波器和数字示波器两类，可以用来测定各种电信号的电压、电流、周期、频率、相位、失真度等参量。温度、压力、速度、声、光、磁等非电量通过换能技术转换为电量，也可用示波器进行观察和测量。下面以 DF4320 型双踪示波器为例进行说明。

1. DF4320 型双踪示波器外形结构

DF4320 型双踪示波器外形结构分公共控制部分、垂直工作系统和水平工作系统 3 个部分，如表 4-10 所示。

表 4-10 DF4320 型双踪示波器外形结构

类型	内容
公共控制部分	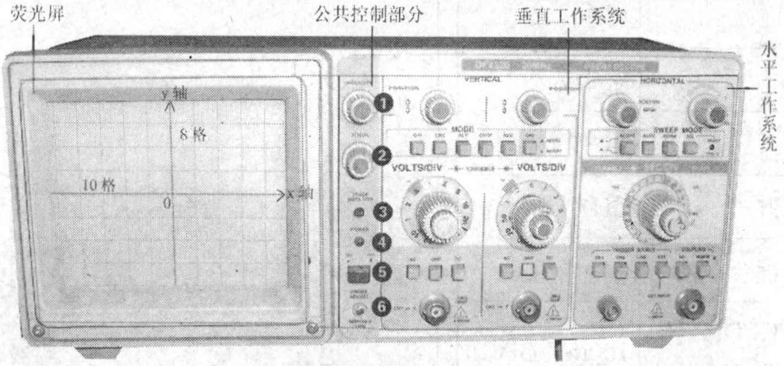 ①—亮度调节旋钮；②—聚焦调节旋钮；③—轨迹旋转调节旋钮； ④—电源指示灯；⑤—电源开关；⑥—校准信号输出
垂直工作系统	①—垂直移位调节旋钮； ②、③—单显开关； ④—交替显示开关； ⑤—断续显示开关； ⑥—加法开关； ⑦—CH_2 通道极性开关； ⑧—电压衰减开关； ⑨—电压衰减微调旋钮； ⑩—耦合开关 
水平工作系统	①—水平移位调节旋钮； ②—电平调节旋钮； ③—触发极性选择开关； ④—自动扫描开关； ⑤—常态扫描开关； ⑥—单次扫描开关； ⑦—被触发或准备指示灯； ⑧—扫描速率开关； ⑨—扫描速率微调及扩展旋钮； ⑩—触发源选择开关； ⑪—触发信号耦合开关； ⑫—电视场信号测试开关； ⑬—地线接线柱； ⑭—外触发信号输入插座 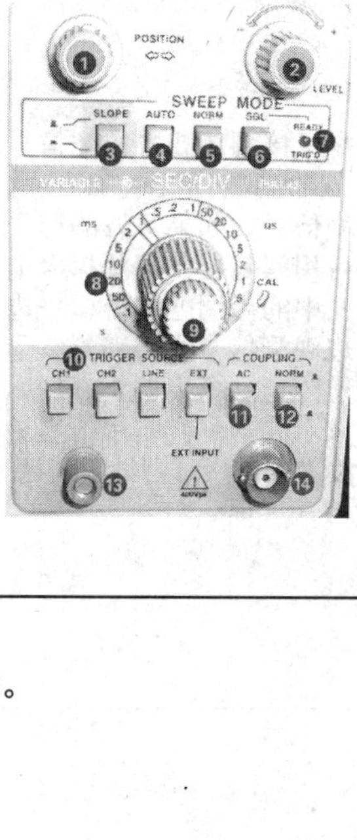

2. DF4320 型双踪示波器使用前的准备

DF4320 型双踪示波器使用前的准备如表 4-11 所示。

表 4-11　　DF4320 型双踪示波器使用前的准备

<table>
<tr><th>类型</th><th>说　明</th><th>图　示</th></tr>
<tr><td>基线（水平亮线）调整</td><td>接通工作电源，电源指示灯亮。面板各控制件的状态如下：
<table>
<tr><td>旋钮、按钮</td><td>调节</td></tr>
<tr><td>亮度</td><td>居中</td></tr>
<tr><td>聚焦</td><td>居中</td></tr>
<tr><td>位移（三只）</td><td>居中</td></tr>
<tr><td>垂直方式</td><td>CH1</td></tr>
<tr><td>输入耦合</td><td>AC 或 DC</td></tr>
<tr><td>VOLTS/DIV（伏/格）</td><td>100mV/DIV</td></tr>
<tr><td>微调</td><td>顺时针旋足</td></tr>
<tr><td>扫描方式</td><td>自动</td></tr>
<tr><td>极性</td><td>⎍（矩形波）</td></tr>
<tr><td>SEC/ DIV（扫描速率）</td><td>0.5mV/ DIV</td></tr>
<tr><td>触发源</td><td>CH1</td></tr>
<tr><td>耦合方式</td><td>AC 常态</td></tr>
</table></td><td> 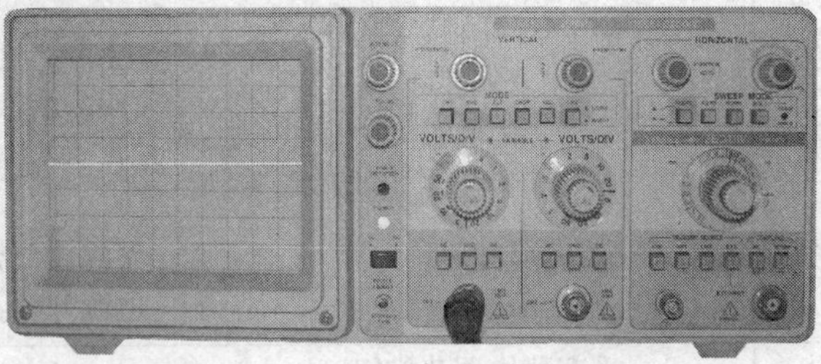</td></tr>
<tr><td>探极调整</td><td>将探极接到示波器校准信号输出端，荧光屏上会出现 1kHz 的方波脉冲信号。如果方波的形状不好，可用螺钉旋具调整探极上调整小孔中的微调电容器，一边调整一边观测信号波形直到波形调至最佳为止。探极调整好后，只能与该示波器配套使用，换另一台示波器上使用时则需重新调整</td><td>最佳补偿
欠补偿　　过补偿</td></tr>
</table>

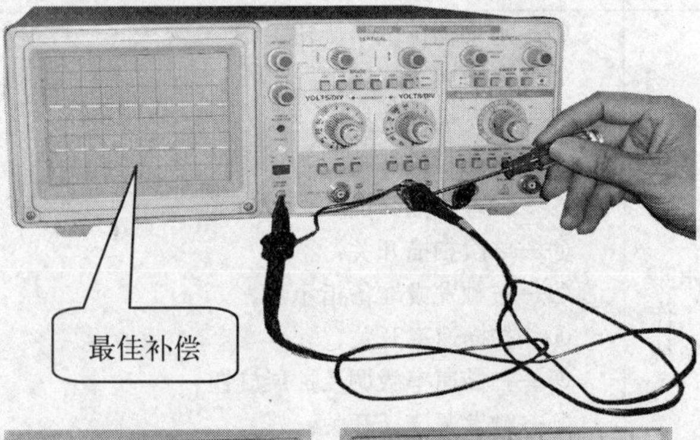

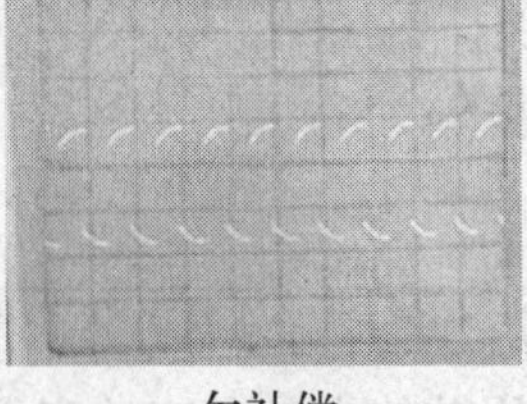

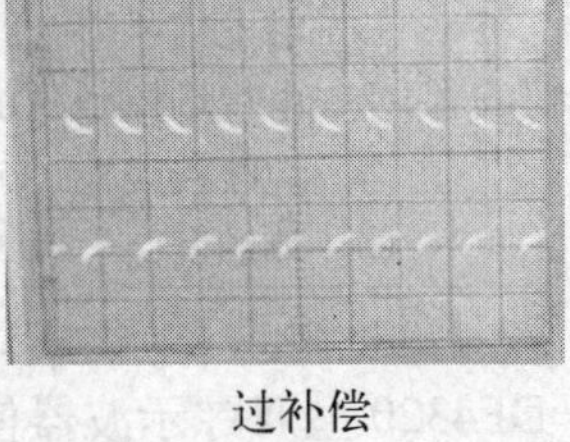

续表

类型	说 明	图 示
校准信号调整	① 将仪器内设校准信号接至示波器 Y 轴输入端 CH1。 ② 调节电平旋钮使波形稳定地显示在荧光屏上。 ③ 调节垂直移位与水平移位旋钮，检查能否正常工作。 ④ 同理，重复以上①、②、③步骤，检查 CH2 系统。 ⑤ 将扫描速率微调旋钮拉出，被测信号在水平向扩展 5 倍，10 格将显示一个周期	

3. DF4320 型双踪示波器使用举例

DF4320 型双踪示波器的使用举例如表 4-12 所示。

表 4-12 DF4320 型双踪示波器使用举例

类型	说 明	图 示
测量直流信号幅值（含交流成分）	将被测信号加到输入端，耦合开关置地（GND），示波器上出现一条水平扫描亮线。由于被测信号是正极性，所以把 0 电平设置在水平中线下方。再将耦合开关置直流（DC），于是一个叠加有交流分量的直流信号波形就出现在荧光屏上。 将电压衰减开关置于 0.2V/DIV，探头衰减比置 1∶1。由波形可知直流电压幅度为 4.3DIV（格），则所测电压值为： U=垂直距离(DIV)×电压衰减值(V/DIV)×探头衰减比 U=4.3(DIV)×0.2(V/DIV)×1=0.86V	直流上叠加交流信号 4.3DIV 直流电压 0电平
测量交流信号幅值	将被测信号送入输入端，耦合开关置于交流（AC）位置。调整电压衰减开关以及扫描时间旋钮，使波形大小适当。 将电压衰减开关置于 0.2V/DIV，探头衰减比置 1∶1。由波形可知电压幅度为 2.2DIV，则所测电压值为：2.2(DIV)×0.2(V/DIV)×1＝0.44V	使波峰与任一水平刻度对齐 波谷要读数的点一般都放置在带刻度点

续表

类型	说明	图示
测量周期或频率	由于频率和周期是互为倒数关系，所以频率都是换算成周期后，再通过示波器进行波形的周期测量的，即：周期＝水平距离（DIV）×时间轴挡（ms/DIV）。 由波形可知，波形的水平距离为 3.2DIV，时间轴挡为 1ms/DIV，则 周期 $T=3.2\times 1\text{ms}=3.2\text{ms}$。 频率 $f=\dfrac{1}{T}=\dfrac{1}{3.2}\times 10^{3}=312.5\text{Hz}$	要读数的点一般都放置在刻度尺上 选择一个周期的波形，并使波形的起点对准某个刻度，便于读数
测量正弦信号相位差	将两个信号分别从 CH1 和 CH2 通道送入示波器进行比较，选择双踪显示波形。调整时间轴和水平位置，两信号起始点之间的水平距离即为相位差。 点 A 与点 C 之间的水平距离（6 大格）是周期 T，点 A 与点 B 之间的水平距离（2 大格）是相位差。则相位差： $\varphi=\dfrac{2}{6}\times 360^{\circ}=120^{\circ}$	基准信号 比较信号 相位差 1周期=6DIV
叠加操作	将垂直方式设定在相加（ADD）状态，可在屏幕上观察到 CH1 和 CH2 信号的代数和，如果按下了 CH2 反相按键开关，则显示为 CH1 和 CH2 信号之差	

4. 使用注意事项

① 供电电网电压与示波器电源规定的电压要相符。

② 示波器接通电源，须预热几分钟后再使用。

③ 示波器双通道的公共端是相通的，在双通道工作时，公共端均应与输入电路的地线相连，防止接线错误造成输入电路电源或局部短路。

④ 测量时，若不知道信号的参数，应使 Y 轴电压衰减从最低以及 X 轴水平扫描时间最短开始，逐步增强；各输入端所加电压不得超过规定值。

⑤ 为了防止对荧光屏的损坏，亮度不宜过亮或显示某一光点静止不动时间不宜过长，以免造成荧光屏永久性烧伤。

⑥ 若保险丝过载熔断，要仔细检查原因，排除故障，再换用同类型的保险丝。切勿乱用不符合规格的保险丝。

⑦ 清洗示波器时，要使用浸有中性洗涤剂和水的软布。不要将洗涤剂直接喷于示波器表面，因为有可能进入机箱内部造成损害；不使用含有汽油、苯、甲苯、二甲苯和丙酮一类的化学物质或类似的溶剂；不用研磨剂之类的产品清洗示波器。

⑧ 打开盖板进行机内清洁时，必须先拔下电源插头。由于机内有上万伏高压，非专业修理人员严禁开盖板，带电检修。内藏的各个内部旋钮，一经调整，一般不要随意变动。

⑨ 示波器的工作环境温度为 0～40℃，湿度范围为 20%～90%RH；且不要在强磁场或电场中使用，以免测量受干扰。

七、逻辑笔

逻辑笔又称逻辑探针，是检测数字逻辑电路电压和脉冲的常用测量仪器之一，它体积小、价格低、使用方便。LP-1 型逻辑笔使用简介如表 4-13 所示。

表 4-13　　LP-1 型逻辑笔

<table>
<tr><th>类型</th><th>内　容</th></tr>
<tr><td>外形结构</td><td>①—电源连接端；　②—探针；
③ — CMOS/TTL 转换开关；　④ — PULSE/MEM 开关；
⑤—红色指示灯；　⑥—绿色指示灯；
⑦—橙色指示灯</td></tr>
<tr><td>主要应用</td><td>① 测试输出信号相对固定的高电位或低电位的逻辑门电路；
② 寻找示波器不易发现的瞬间且频率较低的脉冲信号</td></tr>
<tr><td>使用操作</td><td>① 将逻辑笔电源线的红色鳄鱼夹夹在被测试电路的任一电源点正极，黑色鳄鱼夹夹在被测试电路的电源负极。
② 将 PULSE/MEM（脉冲/记忆）选择开关置“PULSE”位置，根据测试电路要求选择 CMOS/TTL 选择开关的位置，测试 DTL 或 TTL 集成电路，选用“TTL”；测试 CMOS 集成电路，则选用“CMOS”。
③ 将逻辑笔的探针接触被测试电路上的测试点，逻辑笔上的指示灯会显示该点的状态。
<table>
<tr><td>逻辑笔显示</td><td>三只指示灯均不亮</td><td>红色指示灯亮</td><td>绿色指示灯亮</td><td>橙色指示灯亮</td></tr>
<tr><td>测试点状态</td><td>高阻抗态（悬空状态）</td><td>“1”高电平</td><td>“0”低电平</td><td>脉冲状态</td></tr>
</table>
④ 若测试并储存脉冲或电压瞬变，先将逻辑笔 PULSE/MEM 选择开关推向“PULSE”一边，用逻辑笔的探针接触所要测试的点，橙色指示灯会显示该点的原有状态。然后将 PULSE/MEM 选择开关推向“MEM”一边，如逻辑笔测到有脉冲出现或电压瞬变，橙色指示灯会长亮，与前述原有状态比较即可知脉冲的方向。用后需将 PULSE/MEM 选择开关推向“PULSE”一边重置</td></tr>
<tr><td>注意事项</td><td>① 逻辑笔的电源取自于被测试电路，但两极电压不能高于直流电压 18V，且极性不得接错。
② 逻辑笔探针与测试点接触须良好，以免产生毛刺干扰。
③ 逻辑笔每次只能监测一条导线上的信号</td></tr>
</table>

八、万用电桥

电桥是一种用来精确测量电容器、电感器和电阻器等元件参数的仪器，有非平衡电桥和平衡电桥之分，平衡电桥按使用的电源不同，有直流电桥和交流电桥两大类。交流电桥除测量电阻外，还可以测量电容量与电感量。QS18A 型万用电桥使用简介如表 4-14 所示。

表 4-14　　QS18A 型万用电桥

类型	内　容
简介	QS18A 型万用电桥是一种多用途的阻抗电桥，它通过转换开关，把桥臂接成不同的形式，用来测量不同的参数；可以测量电阻值、电感量、电容量、线圈的 Q 值及电容器的损耗等
面板结构	 ①—被测端钮（高电位）；　②—被测端钮（低电位）； ③—测量选择；　④、⑪—损耗平衡、损耗微调； ⑤、⑥—测量读数盘；　⑦—接壳端钮； ⑧—指示电表；　⑨—灵敏度调节； ⑩—损耗倍率开关；　⑫—量程开关； ⑬—拨动开关；　⑭—外接插孔
使用操作	以电容量的测量为例 ① 接上被测电容器（估计电容量约为 500pF）。 ② 量程开关置于 1 000pF 位置上。 ③ 测量选择开关置于“C”的位置。 ④ 调节损耗倍率开关，一般电容器置于“D×0.01”处；较大的电解电容器，置于“D × 1”处。 ⑤ 损耗平衡旋钮置于 1 左右的位置。 ⑥ 损耗微调按逆时针方向旋到底。 ⑦ 将灵敏度调节逐渐增大，使指示电表指针偏转略小于满刻度。 ⑧ 先调节读数盘左盘和右盘及损耗平衡旋钮，使指示电表指针指零；再将灵敏度调大到使指针小于满刻度；反复调节两读数盘和损耗平衡旋钮，直到灵敏度满足测量精度要求为止。 ⑨ 当指示电表指针接近于零时，电桥达到最后平衡。 ⑩ 读数。 被测量 C_x=量程示值 × 读数示值（两个读数盘示值之和），如当左盘指示为 0.5，右盘为 0.034 时，则被测电容器的电容量为 1000pF ×（0.5+0.034）=534pF。 若损耗倍率开关置于“D × 0.01”，损耗平衡旋钮指在 1.2，则电容器的损耗因数为：D_x=0.01 × 1.2=0.012。 即：被测电容器损耗因数 D_x=损耗倍率示值 × 损耗平衡示值。如果损耗倍率置于“Q × 1”位置，电桥平衡后则按 D=1/Q 计算。D_x 越大说明电容器漏电现象越严重

续表

类型	内 容
注意事项	① 交流电桥测量时与电源的频率无关，但实践证明，电桥工作在 1 000Hz 频率以下时，灵敏度最高，产生的测量误差最小，因此，一般的交流电桥电源选取 1 000Hz 的正弦交流电。 ② 由于交流电桥的平衡需要同时满足两个条件，因此各臂的参量中至少要有两个是可以调节的，只有这两个被调节的参量达到平衡时的数值，指示电表才指零。然而实际调节时总是先固定一个参量，使指示电表中的电流达到最小，然后，固定刚才调节的这个参量的数值，调节另一个，使指示电表中的电流达到最小值。为了将电桥调到完全平衡，必须反复调节逐次逼近。 ③ 在交流电桥的调节中，很难出现指示电表确实指零的情况，即使电桥确实已达到平衡，指示电表却仍不指零。这是因为空间中存在的杂散交流信号（如无线电信号、电机干扰信号、人体所带的交流信号及 50Hz 的市电信号）影响了指示电表，所以在交流电桥的调节中只能要求调节到指示电表示数不能再小的程度就认为电桥平衡了。显然，外界对指示电表的干扰已使我们难以分清电桥是否真正平衡，因此在测量的操作过程中应设法消除或消弱外界的干扰，从而保证测量的精度

九、常用电源

电源是向电子设备提供能量的装置，又称电源供应器。它提供设备中所有部件需要的电能，一般有直流电源和交流电源两大类。直流电源常见的有干电池、蓄电池和直流稳压电源等；我国交流电源为频率 50Hz，单相电压 220V、三相电压 380V。

许多直流稳压电源采用数字显示，且具有稳压与稳流两种功能。RXN305D-II 型多路输出稳压可调直流电源使用简介如表 4-15 所示。

表 4-15　　RXN305D-II 型多路输出稳压可调直流电源

类型	内 容
面板结构	①—固定 5V 输出； ②—I 路输出； ③—输出电压指示； ④—输出电流指示； ⑤—电压调整旋钮； ⑥—稳压指示灯； ⑦—电流调整旋钮； ⑧—稳流指示灯； ⑨—串、并联控制开关； ⑩—II 路输出 
主要应用	① 固定 5V 输出； ② 两路电源单独使用； ③ 两路电源并联使用； ④ 两路电源串联使用

续表

<table>
<tr><th>类型</th><th colspan="4">内　　容</th></tr>
<tr><td rowspan="6">技术指标</td><td>输入电压</td><td>220V±10%，50～60Hz</td><td>显示方式</td><td>LED 数字显示</td></tr>
<tr><td>输出电压</td><td>0～30V 可调</td><td>保护功能</td><td>恒流保护</td></tr>
<tr><td>输出电流</td><td>0～5A 可调</td><td>稳压精度</td><td>≤0.01%±2mV</td></tr>
<tr><td rowspan="2">串联</td><td>0～60V</td><td rowspan="2">并联</td><td>0～30V</td></tr>
<tr><td>0～5A</td><td>0～10A</td></tr>
<tr><td colspan="4"></td></tr>
<tr><td>使用操作</td><td colspan="4">以为 OCL 功率放大器提供±12V 对称的双电源供电为例。
① 按下串、并联控制开关左边的按钮（右边的按钮为弹起状态），使两路电源输出为串联状态，此时 I 路正输出端和 II 路负输出端已内部连通（外部可不必连接）。
② 接通电源，只须使用 II 路电压调整旋钮调整输出电压（0～±30V），使 II 路输出电压为+12V，I 路输出电压为−12V；只须使用 II 路电流调整旋钮调整输出稳流值（电流最大为 5A）。
③ 关闭电源开关，将 OCL 功率放大器的+12V 端连接到 II 路输出的正端，OCL 功率放大器的−12V 端连接到 I 路输出的负端。OCL 功率放大器的地端连接到 I 路输出的正端或 II 路输出端的负端。
④ 接通电源，输出电流指示显示为 OCL 功率放大器的工作电流</td></tr>
<tr><td>注意事项</td><td colspan="4">① 分清正、负极，不要短路，以免损坏电源。
② 出现过载或短路时，电源处于保护状态，要排除故障后，才能恢复电压输出。
③ 电源周围注意通风</td></tr>
</table>

第二部分　项目实训

一、万用表挡位/量程选择开关的使用及读数

若表头指针稳定指示在图 4-2 中位置 a、b、c、d 处，请完成表 4-16 中内容的填写。

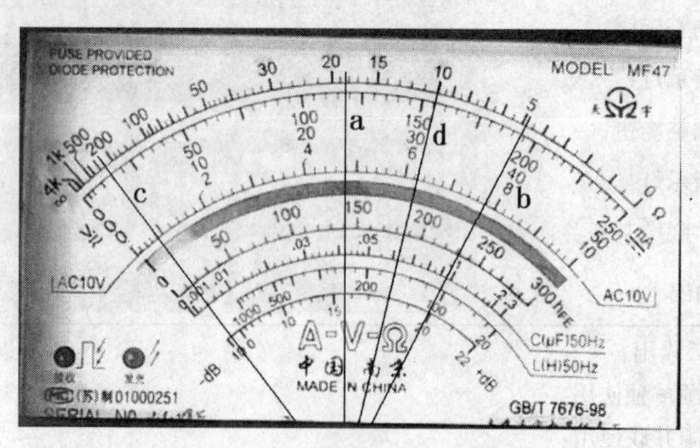

图 4-2　项目实训一示意图

表 4-16　　标度尺读法与挡位/量程选择开关使用练习

位置	项目								
位置 a	测量项目和量程	×1Ω	×10Ω	×100Ω	×10kΩ	10V	50V	250V	500V
	读取数据（带单位）								
	测量项目和量程	2.5V	50V	1000V	0.5mA	5mA	50mA	500mA	5A
	读取数据（带单位）								
位置 b	读取数据（带单位）	4.7Ω	47Ω	470Ω	7.8V	39V	195V	780V	195mA
	挡位/量程选择开关选择								
	读取数据（带单位）	1.95V	195V	390V	780V	39mA			
	挡位/量程选择开关选择								
位置 c	测量项目和量程	250V	25mA	×100Ω	2500V	250mA	×10Ω	25V	×1kΩ
	读取数据（带单位）								
	应选何种量程								
位置 d	倍率	×1Ω	×10Ω	×100Ω	×1kΩ	×10kΩ			
	电阻值								

二、用万用表测量训练

1. 用指针式万用表测量

① 测出图 4-3 所示实验板所给的电阻 R1、R2、R3、R4 的阻值。

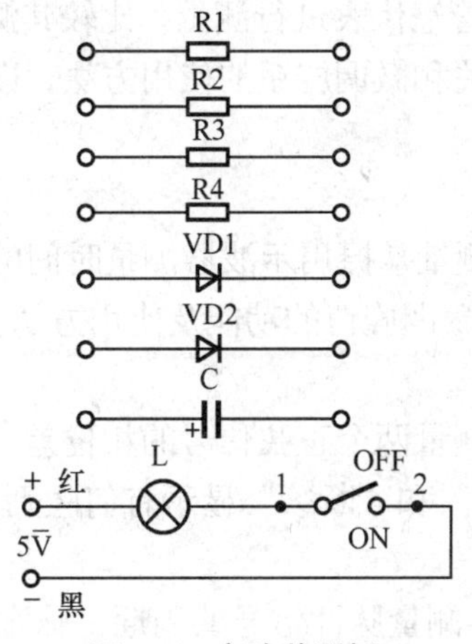

图 4-3　实验装置板

② 测出实验板所给二极管 VD1、VD2 的正、反向电阻阻值。

③ 观察电解电容器的漏电电流。

④ 把稳压电源的电压调至 5V 左右（不要超过 6V），实验板接到电源上，合上开关（拨

到 ON 处)，灯泡即点亮。万用表挡位/量程选择开关置于 DC 10V 挡，测出此时灯泡两端的电压值。

⑤ 开关断开（拨到 OFF 处)，灯泡熄灭，万用表挡位/量程选择开关置于 DC 500mA 挡，红表笔接“1”，黑表笔接“2”，灯泡再次点亮，测出此时的直流电流值。

⑥ 重复使用万用表测出各组数据记录于表 4-17 中。

2. 用数字式万用表重复上述测量

数据记录于表 4-17 中。

表 4-17　　万用表测量练习

表型	次数	电阻器				二极管				电解电容器	灯泡	
						VD1		VD2				
		$R1$	$R2$	$R3$	$R4$	$R_{\text{正}}$	$R_{\text{反}}$	$R_{\text{正}}$	$R_{\text{反}}$	RC	U	I
指针式	1											
	2											
	3											
数字式	1											
	2											
	3											

三、用信号发生器、晶体管毫伏表和双踪示波器测量电路参量

1. 测量电压

用 DF1028B 型低频信号发生器输出任一频率的信号电压，用 DF4320 型双踪示波器进行测量，然后用 DA-16 型晶体管毫伏表进行测量，比较其测量结果。通过测量进一步掌握示波器面板上 VOLTS/DIV 开关和微调旋钮的使用方法，以及用示波器测量电压的精度和使用范围。

2. 测量频率

测量时间确定频率。通过测量掌握用示波器测量时间的方法，并进一步掌握示波器面板上扫速速率开关 SEC/DIV 和微调旋钮的功能及使用方法。

3. 测量相位

用 DF4320 型双踪示波器测量两个正弦信号的相位差，通过测试说明在示波器上如何同时显示两个信号波形。“交替”和“断续”显示有何区别。

4. 测量脉冲信号

利用 DF4320 型双踪示波器测量脉冲信号的周期、脉宽、幅度和上升时间。

四、用 QS18A 万用电桥测量低频电路元件参数

1. 用万用电桥测量三个不同电容器的电容量及损耗因数

数据填入表 4-18 中。

表 4-18 电容量的测量

被测电容器	量程示值	读数示值	C_x	损耗倍率示值	损耗平衡示值	D_x
C1						
C2						
C3						

2. 用万用电桥测量空心和铁芯线圈的电感量及品质因数

数据填入表 4-19 中。

表 4-19 电感的测量

被测电感器	量程示值	读数示值	L_x	损耗倍率示值	损耗平衡示值	Q_x
空心线圈						
铁芯线圈						

3. 用万用电桥测量不同电阻器的阻值

数据填入表 4-20 中。

表 4-20 电阻的测量

被测电阻器	量 程 示 值	读 数 示 值	R_x
R1			
R2			
R3			

项目五　常用电子元器件的认知

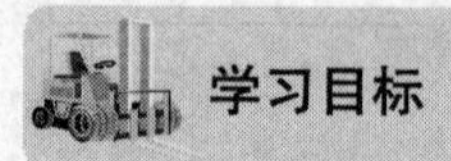

学习目标

学习目标		学习方式	学时
知识目标	了解常用电子元器件的意义及主要作用	教师讲授	12 课时
技能目标	① 认识常用电子元器件的外形、特点及使用注意事项； ② 会根据常用电子元器件上的标识，了解其标称值、允许误差等技术参数； ③ 会使用仪器仪表检测常用电子元器件	学生根据要求练习，教师指导、答疑 重点：识别电子元器件	

第一部分　项目相关知识

一、分立元器件

1. 电阻器

电阻是导体的一种基本性质，其大小与导体的尺寸、材料和温度有关。利用导体的这些特性制成的电阻元件称为电阻器，在电子产品中通常简称为“电阻”，它是消耗电能的元件。

电路中常将电阻器进行串联、并联连接，用于降压、分压、限流和分流等，也与其他元件一起构成一些功能电路。它在电子设备中用得较多，约占元件总数的 35%以上，其质量好坏对电子产品的工作性能和可靠性具有重要影响。

(1) 电阻器外形

常用电阻器的外形如表 5-1 所示。

表 5-1　　常用电阻器

名　称	碳膜电阻	金属膜电阻	金属氧化膜电阻
图　示			
名　称	有机实心电阻	线绕电阻	熔断电阻
图　示			

续表

名 称	水泥电阻	零欧姆电阻	集成电阻
图 示	10W20R J		A102J

(2) 电阻器的主要技术参数

电阻器的主要技术参数包括标称阻值及允许误差、额定功率和极限工作电压等。

① 标称阻值和允许误差。

每个电阻器都必须按标称阻值系列进行生产，同一标称系列，其实际值要在该标称系列允许误差范围内，我国现有 E6、E12、E24、E48、E96、E192 等系列标准。一般而言，误差小的电阻器阻值稳定性高，价格贵。选用时要尽量选择与本身电路精度相匹配的标称系列，既要满足电路精度，又关注经济成本。

② 额定功率。

电阻器的额定功率从 0.05～500W 有多种规格，为保证安全使用，一般选用功率高 1～2 倍的即可。在电路图中，非线绕电阻器额定功率的图形符号表示如图 5-1 所示。通常不加功率标注的均为 1/8W。

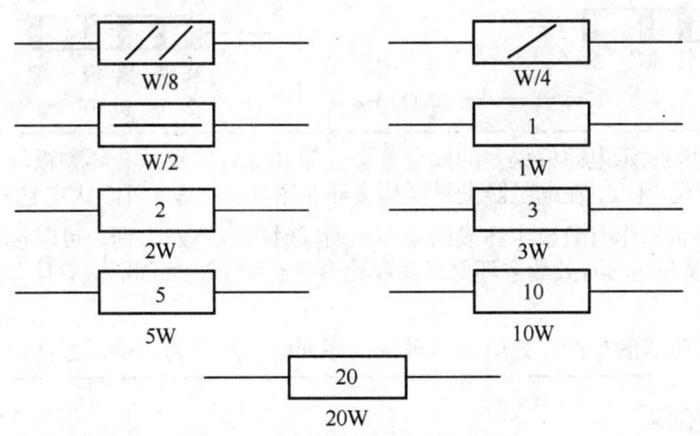

图 5-1 电阻器额定功率标注

(3) 电阻器的标识方法

电阻器的标识方法通常有直标法和色环标注法，直标法如表 5-2 所示；色环标注法如表 5-3 所示。

表 5-2 直标法

标注方法	意 义	图 示
直标法	在电阻器的表面直接用数字和单位符号标出产品的标称阻值、允许误差等	商标 型号 功率 ∞ RJ 1W 3.6kΩ±5% 92.5 标称阻值和误差 制造日期

表 5-3　　色环标注法

标注方法	四色环法	五色环法
表示说明	一环有效数　二环有效数　倍率的个数　允许误差 电阻值=第一、二色环数值组成的两位数×第三色环表示的倍率（10^n）	一环有效数　二环有效数　三环有效数　倍率的个数　允许误差 电阻值=第一、二、三色环数值组成的三位数×第四色环表示的倍率（10^n）
示例	红 红 棕 金 2 2 10^1 ±5% → 220Ω±5%	红 黑 黑 橙 棕 2 0 0 10^3 ±1% → 200kΩ±1%

色环的意义：

颜色	黑	棕	红	橙	黄	绿	蓝	紫	灰	白	金	银	无色
有效数值	0	1	2	3	4	5	6	7	8	9			
倍率	10^0	10^1	10^2	10^3	10^4	10^5	10^6	10^7	10^8	10^9	10^{-1}	10^{-2}	
允许误差		±1%	±2%			±0.5%	±0.25%	±0.1%			±5%	±10%	±20%

识读技巧：

① 最常用的表示电阻值误差的颜色是金、银和棕，特别是金环和银环，一般很少用作电阻色环的第一环。所以，在电阻器上只要是金环和银环，就基本可以认定它是电阻器的最末一环。

② 棕色环常用作有效数字环或误差环，而同时出现不好识别，可以按照色环之间的间隔来确认，一般误差环与有效数字环之间间隔比有效数字环之间间隔大，且有效数字环之间的间隔还是均等的。

③ 利用电阻器的生产序列值加以确认，序列值有的即为正确，否则为不正确

(4) 电阻器的检测

首先查看电阻器外表，若外观端正，标志清晰，颜色均匀有光泽，保护漆完好，引线对称，无伤痕，无裂痕，无烧焦，无腐蚀，电阻体与引脚接触紧密，则可初步判定电阻器是好的；然后用诸如万用表、电桥等仪器、仪表进行电阻值测量，当测量值与标称值相符时，就能确定电阻器质量良好。

(5) 电阻器使用注意事项

① 测量电路中电阻器的阻值时，应切断电源、断开电阻器一端进行阻值的测量。

② 更换应遵循就高不就低、就大不就小的原则。

③ 安装前先对引线上锡，以确保焊接的牢固性。安装时引线不要从根部打弯，以防折断；将标记向上或向外，方便检查与维修；焊接动作要快。较大功率的电阻器要采用支架或螺钉固定，以防松动造成短路。

2. 电位器

一般电位器由电阻体、滑动臂、外壳、转柄、电刷和焊接片等组成，如图 5-2 所示。电阻体的两端和焊接片 1、3 相连，因此 1、3 之间的电阻值即为电阻体的总阻值。转柄和

滑动臂相连，调节转柄时，滑动臂随之转动。滑动臂的一头装有簧片或电刷，它压在电阻体上并与之紧密接触；滑动臂的另一头则和焊接片 2 相连。当簧片或电刷在电阻体上移动时，1、2 和 2、3 之间的电阻值就会发生变化。有的电位器还兼带有开关功能。

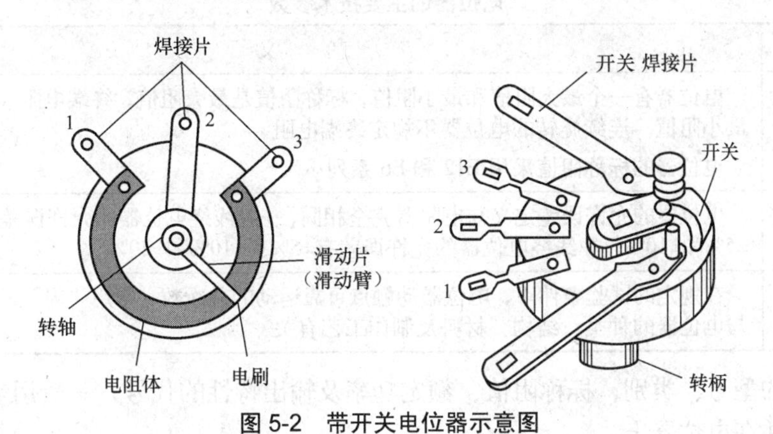

图 5-2 带开关电位器示意图

(1) 电位器外形

常用电位器的外形如表 5-4 所示。

表 5-4 常用电位器

名称	直滑式电位器	碳膜电位器	有机实心电位器
图示			
名称	带开关电位器	同轴双电位器	长柄带开关电位器
图示			
名称	单圈线绕电位器	多圈线绕电位器	拨盘电位器
图示			
名称	微型可变电位器	多圈微调电阻器	半可调电位器
图示			

（2）电位器的主要技术参数

电位器属于机电转换器件，其主要技术参数如表 5-5 所示。

表 5-5　　电位器的主要技术参数

主要参数	意　义
标称阻值	电位器有一个最大阻值和最小阻值，标称阻值是最大阻值，终端电阻（零位电阻）是最小阻值。连续旋转的电位器不规定终端电阻。 电位器的标称阻值采用 E12 和 E6 系列
允许误差	电位器的允许误差定义与电阻器完全相同，一般线绕电位器的允许误差有±1%、±2%、±5%和±10%，非线绕电位器的允许误差有±5%、±10%和±20%
耐磨寿命	在规定的试验条件下，电位器动触点可靠运动的总次数，常用“周”表示。耐磨寿命与电位器的种类、结构、材料及制作工艺有关

电位器的型号、类别、标称阻值、额定功率及输出特性的代号，一般用字母和阿拉伯数字直接标注在电位器上。

（3）电位器的检测

电位器的简易检测方法如表 5-6 所示。

表 5-6　　电位器的检测

类型	简　介	图　示
转动性能	转动轴柄，检查轴柄转动是否灵活、平滑。若听到电位器内部触点与电阻体有摩擦声，则说明电位器有问题	
开关性能	万用表置×1Ω 挡，将两表笔接触电位器的 4 和 5 两端。转动轴柄，使开关从“关”到“开”，观察万用表指针是否“断”或“通”，反复观察多次。若在“开”的位置，电阻值不为零，说明开关触点接触不良；若在“关”的位置，电阻值不为∞，说明开关失控	
标称值	万用表置×100Ω 挡，将两表笔接触电位器的 1 和 3 两端，则示数应为电位器的标称阻值。若万用表的指针不动或阻值相差很多，则表明该电位器已损坏	
接触性能	万用表置×100Ω 挡，将两表笔分别接触电位器的 1、2 或 2、3 两端，同时缓慢转动轴柄，此时万用表的指针应平稳转动、不跳跃，反复调两次。若轴柄在转动时，万用表的指针有跳动或突然变为∞，则表明该电位器接触不良	

（4）电位器使用注意事项

① 电位器要在额定功率范围内使用，不得超载。

② 电流流过高阻值电位器时产生的电压降，不得超过电位器所允许的最大工作电压。

③ 有接地焊接片的电位器，其焊接片必须接地，以防外界干扰。

④ 按技术参数选择电位器来完成更换，安装时必须牢固可靠。

⑤ 在印制电路板上安装微调电位器时，要保证有便于调节的空间。

⑥ 应避免在如 SO_2、NH_3、碱溶液、油脂等有害物质的环境中使用电位器，以免引起元件、塑料或金属材料的腐蚀。

⑦ 清除污垢应用无水酒精轻拭，不可用润滑油。

3．敏感电阻器

敏感电阻器的电阻值对温度、电压、光照、湿度、机械力、磁通以及气体浓度等具有敏感特性，当这些量发生变化时，电阻值就会随之而改变，呈现不同的大小。敏感电阻器有热敏、湿敏、压敏、光敏、力敏、磁敏和气敏等类型，它们所用的材料几乎都是半导体材料，所以又称半导体电阻器。部分敏感电阻器的外形如表 5-7 所示。

表 5-7　　敏感电阻器

名称	正温度系数热敏电阻	负温度系数热敏电阻
图示		
名称	光敏电阻	压敏电阻
图示		

4．电容器

电容器是电子领域不可缺少的重要元件之一，在电子整机中一般约占所用电子元件总量的 20%～30%，主要用于阻隔直流、信号耦合、旁路、滤波、调谐回路、能量转换和控制电路等，通常简称“电容”。

（1）固定电容器外形

常用固定电容器的外形如表 5-8 所示。

表 5-8 常用固定电容器

名称	瓷介电容	独石电容	云母电容
图示			
名称	聚苯乙烯薄膜电容	聚丙烯薄膜电容	聚脂薄膜电容（涤纶电容）
图示			
名称	CD11 型铝电解电容	CD13 型铝电解电容	CDM-L 型铝电解电容
图示			
名称	CA40、CA41 型钽电解电容	CA81 型钽电解电容	CA30 型钽电解电容
图示			
名称	瓷管密封纸介质电容	金属化纸介质电容	无感电容
图示			

（2）固定电容器的主要参数及标注

固定电容器在实际使用中，一般只考虑电容量、工作电压和绝缘电阻，只有在谐振、振荡等有特殊技术要求的电路中，才考虑容量误差，高频损耗等参数，如表 5-9 所示。

表 5-9 固定电容器的主要参数

主要参数	意　义
标称电容量	标志在电容器上的电容量
额定电压	电容器在连续使用中所能承受的最高电压，也称耐压，一般直接标注在电容器外壳上。常用的固定电容器工作电压有 6.3V、10V、16V、25V、50V、63V、100V、250V、400V、500V、630V、1000V
绝缘电阻	直流电压加在电容器上，并产生漏电电流，两者之比称为绝缘电阻
允许误差	允许存在的实际电容量与标称电容量的误差
温度特性	20℃基准温度的电容量与有关温度的电容量的百分比

常用固定电容器与固定电阻器生产一样，也是按国家规定的标称值系列标准进行。固定电容器的常用标注方法如表 5-10 所示。

表 5-10 固定电容器的标注

标注方法	说　明	图　示
直标法	在电容器的表面直接用数字和单位符号标出产品的电容量、耐压值、允许误差等	表示电容；商标；表示介质；北京；C025；25V 2200μF；+；负极引线（短脚）；正极引线（长脚）；耐压值；容量
数码法	一般用三位数字表示电容量的大小，其单位为pF。其中第一、二位为有效值数字，第三位表示倍乘数，即表示有效值后“零”的个数	例 1：103　10×10^3=10000pF=0.01μF；例 2：224　22×10^4=220000pF=0.22μF

（3）可变电容器

可变电容器是一种电容量可以在一定范围内调节的电容器，如图 5-3 所示。

单联可变电容器由两组金属片组成电极，固定不动的一组为定片，可以旋转的一组为动片，动片和定片之间是介质。旋转动片可改变动片与定片之间的角度，从而改变电容量。当动片全部旋入定片时，电容量最大；全部旋出时，电容量最小。

将多个单联可变电容器同轴连在一起，可构成双联、三联、四联等同轴电容器。

可变电容器的介质有空气介质和固体介质两种，前者体积大，损耗小；后者做成密封式，体积小。

（4）微调电容器

微调电容器又称半可变电容器，如表 5-11 所示。调节两极片之间的距离或两极片的正对面积即可改变电容量，调整后数值就是固定的。一般以分数形式来表示其最小、最大电容量的变化范围，如 5/20pF、7/30pF。

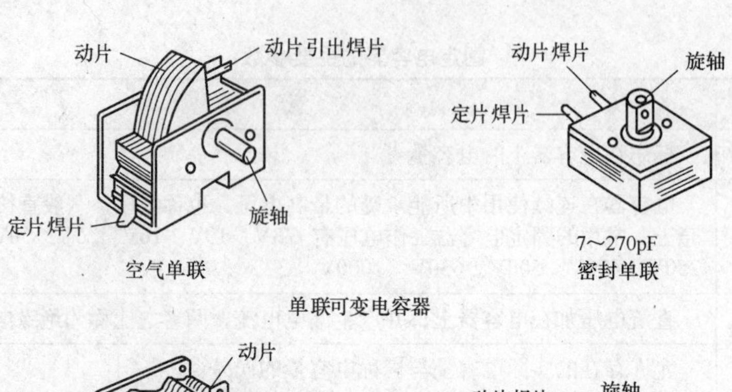

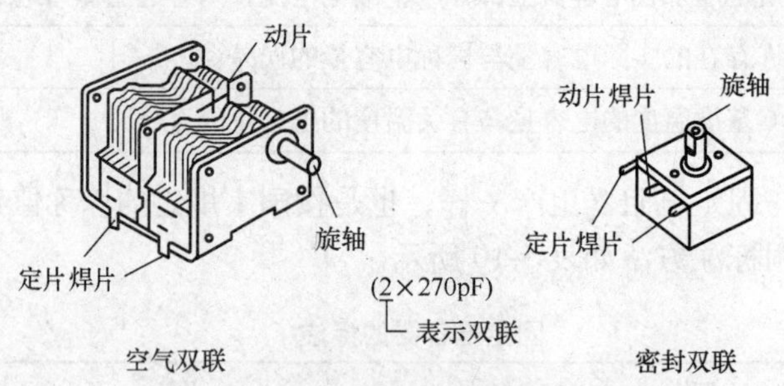

双联可变电容器

图 5-3 可变电容器

表 5-11 微调电容器

名 称	瓷介微调电容	拉 线 电 容
图 示	动片 动片旋转螺丝 定片焊片 动片焊片	动片 动片引线 定片 定片引线

(5) 电容器的检测

① 固定电容器的检测。固定电容器的检测方法如表 5-12 所示。

表 5-12 固定电容器的检测

类型	简 介	图 示
绝缘电阻	无极性电容器： 万用表置×10kΩ 挡，两表笔各自接触电容器的两个引线。一般小电容量的电容器，测得的电阻值为∞或接近∞；电容量较大的电容器，万用表指针会先沿顺时针方向摆动一下，然后很快回指∞。如果测得的电阻值小于 1MΩ，说明电容器漏电严重或介质有损坏	+ − ×10kΩ

续表

类型	简　　介	图　　示
绝缘电阻	电解电容器： 判断电解电容器绝缘电阻，首先要注意万用表欧姆挡的选择，容量1μF以下，选×10kΩ挡；容量1～100μF，选×1kΩ挡；容量100μF以上，选×100Ω挡	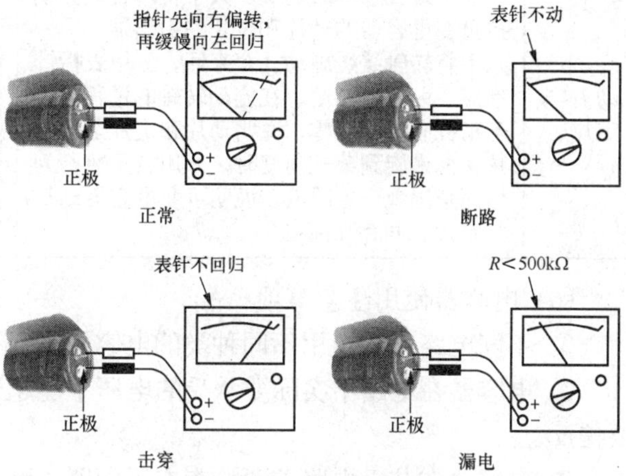 指针先向右偏转，再缓慢向左回归；正极；正常 表针不动；正极；断路 表针不回归；正极；击穿 $R<500k\Omega$；正极；漏电
电容量	用数字电容表测试电解电容器： 将A6013L型数字电容表的配套“测量线夹”插入相应的测量端口，“功能开关”置于2000μF挡；将线夹的正、负端口与被测电解电容器引脚的极性对应相接，在屏幕上读出该电容器的电容量为163μF。标称值为220μF，说明电容器已老化	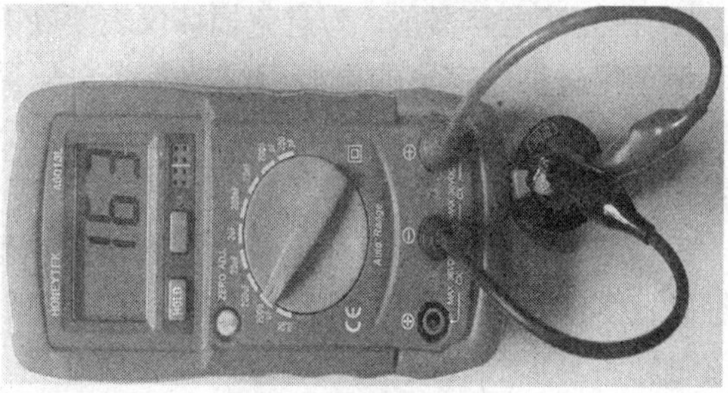
	用数字电容表测试云母电容器： 将A6013L型数字电容表的配套“测量线夹”插入相应的测量端口，“功能开关”置于2000pF挡，调整校准电位器，使各位显示为零。接上被测电容器，在屏幕上读出该电容器的电容量为1212pF（标称值为1200pF）	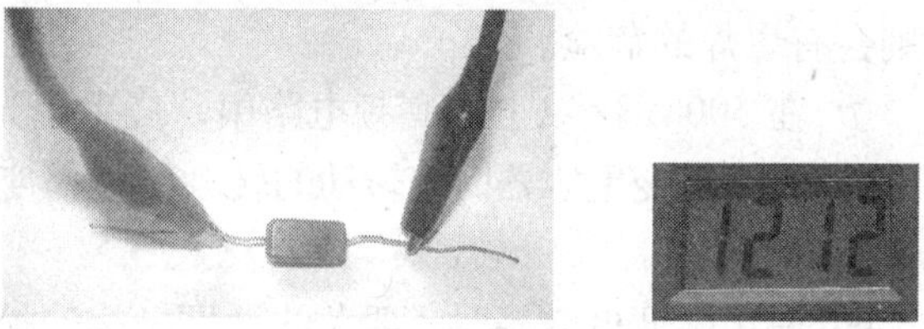 1212

② 可变电容器的检测。可变电容器的检测如表5-13所示。

表5-13　　可变电容器的检测

类型	简　　介	图　　示
转轴机械性能	用手轻轻旋动转轴，感觉十分平滑，无时松时紧甚至卡滞的现象。将转轴向前、后、上、下、左、右等各个方向推动时，转轴无松动现象	
转轴与动片	用一只手旋动转轴，另一只手轻摸动片组的外缘，感觉无任何松脱现象。转轴与动片之间接触不良的可变电容器，是不能使用的	

续表

类型	简　介	图　示
动片与定片	万用表置×10kΩ 挡，一只手将两表笔分别接可变电容器的动片和定片的引出端，另一只手将转轴缓缓旋动几个来回，万用表指针都应在∞位置不动。在旋动转轴的过程中，若指针有时指向零，说明动片和定片之间碰片；如果旋到某一角度时，万用表示数不为∞而是出现一定阻值，说明可变电容器动片与定片之间存在漏电	正常 漏电 ∞ 0 碰片 R×10k

(6) 电容器使用注意事项

① 不同电路应该选用不同种类的电容器。

② 电容器在电路中实际要承受的电压不能超过耐压值。使用电解电容器时，正负极不要接反。

③ 电容器在装入电路前要检查有无短路、断路和漏电等现象，并核对电容量。

④ 在测试电容器前，为避免损坏仪表要断开电路电源并将所有高压电容器放电；测量时两手不得碰触电容器的电极引线或表笔的金属端，以免人体电阻影响测试结果；测试大容量电容器要待读数稳定后再读取；测试结束后，要将电容器的两引线短接进行放电处理，以备重新检测时不受影响。

⑤ 安装电容器时，要让电容器远离热源；要使电容器的标注符号容易看到，以便核对和维修；小容量电容器及高频回路的电容器要用支架托起，以减少分布电容对电路的影响。焊接时间不易太长。

⑥ 电解电容器经长期存放后需要使用时，不可直接加上额定电压，应老化后再使用，否则会有爆炸的危险。

⑦ 在 500MHz 以上的高频电路中，应采用无引线的电容器。

⑧ 使用可变电容器时，转动的转轴松紧程度应适中，有过紧或松动现象的可变电容器不要使用。

⑨ 使用微调电容器时，要关注微调机构的松紧程度，调节过松容量会不稳定，调节过紧极易发生调节时的损坏。

5. 电感器

凡能产生电感作用的元件统称为电感器。一般的电感器由带绝缘层的导线绕成空心线圈或绕成带铁芯（磁芯）线圈而构成，有立式和卧式两种。电感器又称电感线圈，简称线圈。

电感器能实现调谐、振荡、耦合、滤波、陷波、偏转、聚焦、延时补偿、电压变换、电流变换和阻抗变换等功能。

(1) 电感器外形

常用电感器的外形如表 5-14 所示。

表 5-14 常用电感器

名称	空心电感	磁芯电感	色码电感
图示			
名称	棒状电感	模压电感	铁芯低频阻流圈
图示			
名称	行振荡线圈	行线性线圈	偏转线圈
图示			

(2) 线圈的组成

线圈的组成如表 5-15 所示。

表 5-15 线圈的组成

名称	构　成	图　示
骨架	由陶瓷、塑料、电木及电工纸板等制成	密绕法；脱胎法；间绕法；蜂房式；空心线圈；磁芯；磁环；带磁芯线圈
绕组	常用各种规格的漆包线及电磁线在线圈骨架上绕制而成	
屏蔽罩	用金属制成罩子将线圈封闭在其内，并可靠接地	
磁芯	用锰锌铁氧体或镍锌铁氧体磁性材料制成各种形状，以满足不同的需求	圆形磁棒；小磁芯；环形磁芯；E 形磁芯；螺纹磁芯；罐形磁芯；扁形磁棒；双孔磁芯

（3）线圈的主要参数

线圈的主要参数如表 5-16 所示。

表 5-16　　线圈的主要参数

主要参数	意　义
电感量（L）	电感量的大小主要取决于线圈的匝数、结构及绕制方法等。匝数越多、有磁芯或磁芯导磁率大、绕制越密集，则电感量越大
品质因数（Q）	线圈在某一频率的交流电压下工作时，所呈现的感抗与直流电阻之比为线圈的品质因数。Q 值越大，线圈的损耗越小；反之，损耗越大。常用线圈的 Q 值为几十至一百，最高到四、五百
固有电容（C_0）	线圈的匝与匝、层与层，线圈与屏蔽罩，线圈与地等之间存在着的分布电容
额定电流	线圈正常工作时，允许通过的最大电流

（4）电感元件的标注方法

电感元件的标志方法有直标和色标两种。在小型电感元件的外壳上直接用文字标出电感元件的电感量、允许误差和最大工作电流等主要参数为直标，其中最大工作电流常用字母标志，如表 5-17 所示；在电感元件的外壳上涂上不同颜色的色点、色环，用来表明其参数为色标，如表 5-18 所示。色环、色点颜色与对应的数字关系同于电阻器色环标志法，所标志的电感量单位为μH。

表 5-17　　小型电感元件的工作电流与标志字母

标志字母	A	B	C	D	E
最大工作电流（mA）	50	150	300	700	1600

表 5-18　　电感元件色标法

示例	例 1	例 2	例 3
图示	上顶部　第二位有效数　黑（0）　棕（1）　第一位有效数　左侧面　右侧面　倍乘　棕（10）　金（±5%）	第一位有效数　第二位有效数　倍乘　误差　棕（1）　黑（0）　棕（10^1）　银（±5%）	棕（10^1）　倍乘　第二位有效数　蓝（6）　棕（1）　第一位有效数
读数	L=10×10μH±5% =100μH±5%	L=10×10^1μH±5% =100μH±5%	L=16×10^1μH±20% =160μH±20%

（5）变压器

变压器是变换电压、电流和阻抗的器件，它在交流电源（信号源）和负载之间进行直流隔离，以最大限度地传输能量。主要由铁芯和线圈（也称绕组）两部分构成，线圈有两个或多个绕组，接交流电源的线圈为初级线圈，与负载相连的线圈为次级线圈。

部分专用变压器的外形如表 5-19 所示。

表 5-19　部分专用变压器

名称	电源变压器	环形电源变压器	自耦调压器
图示			
名称	音频变压器	中频变压器	天线变压器
图示			

（6）电感器的检测

电感器的检测如表 5-20 所示。

表 5-20　电感器的检测

电感元件					
类型	外观	线圈电阻	绝缘电阻	磁芯	色码电感器
简介	看引线是否脱焊，绝缘材料是否烧焦，表面是否破损等	一般高频电感器直流电阻约为零点几欧至几欧，低频阻流圈约为几百至几千欧	测量低频阻流圈线圈引线与铁芯或金属屏蔽罩之间的电阻，阻值应为∞	磁芯应不松动，无断裂，用无感改锥可进行伸缩调整	万用表置×1Ω 挡，测量色码电感器直流电阻，只要能测出电阻值，则说明色码电感器正常
图示					

小型变压器	
绝缘性能	万用表置×10kΩ 挡，分别测量铁芯与初级、初级与各次级、铁芯与各次级、屏蔽层与各线圈之间的电阻值都应为∞
线圈性能	万用表置×1Ω 挡，分别测量初、次级各个线圈的电阻值，初级（几十欧～几百欧），次级（几欧～几十欧）。若某个线圈电阻为∞，则说明该线圈断路
功率性能	按变压器的额定功率接上假负载，经过 5min 左右时间的试验。若测得电压为标定值，且变压器不发热，则可判断变压器合格
同名端	用 1 节电压为 1.5V 的干电池接至初级线圈两端，万用表置 DC 2.5V 挡测量次级线圈两端，接通开关，利用指针的摆动方向可以确定同名端

6. 二极管

二极管的管芯是一个 PN 结，通常用硅或锗等半导体材料制成。在管芯两侧的半导体上分别引出电极引线，由 P 区引出的为正极（又称阳极），由 N 区引出的为负极（又称阴极），将管芯装入管壳后包封就制成了二极管。

（1）二极管外形

常用二极管的外形如表 5-21 所示。

表 5-21　　常用二极管

名称	普通二极管	整流二极管	开关二极管
图示			
名称	检波二极管	阻尼二极管	稳压二极管
图示			
名称	变容二极管	高压硅堆	双向触发二极管
图示			
名称	瞬态电压抑制二极管	光敏二极管	发光二极管
图示		 2CU 型硅光敏二极管  红外接收头	 绿发绿　白发蓝　黄发黄 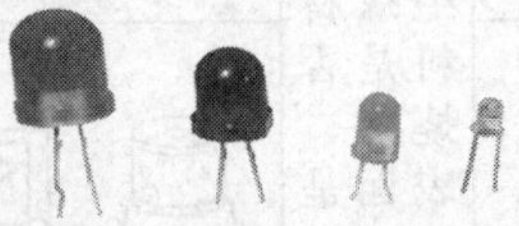 ϕ10mm ϕ8mm ϕ5mm ϕ3mm

（2）二极管的主要参数

二极管最显著的导电特点就是单向导电性。一般情况下二极管的截止电压，硅管约为 0.5V，锗管约为 0.2V；导通电压，硅管约为 0.7V，锗管约为 0.3V。

二极管的主要参数及应用特点如表 5-22 所示。

表 5-22　　二极管的主要参数及应用特点

主要参数	符号	定　义	应用特点
最大整流电流	I_F	二极管长期连续正常工作时，允许通过二极管的最大正向电流。对于交流电，就是二极管允许通过的最大半波电流平均值	实际应用中，最大整流电流一般应大于电路电流两倍以上，保证二极管不被烧毁

续表

主要参数	符号	定义	应用特点
最高反向工作电压	U_R	二极管的所有参数不超过允许值时允许加的最大反向电压	一般只按反向击穿电压 U_{RM} 的一半计算
反向电流	I_s	二极管加反向电压时而未被击穿的电流	该值愈小，二极管单向导电性愈好

(3) 二极管的检测

用指针式万用表检测二极管如表 5-23 所示。

表 5-23 指针式万用表检测二极管

类型	简介	图示
二极管的检测	① 一般小功率管应选用×100Ω 挡或×1kΩ 挡测量，不宜选用×1Ω 和×10kΩ 挡测量。前者由于电表内阻最小，通过二极管的正向电流较大，可能烧毁二极管；后者由于加在二极管两端的反向电压较高，易击穿二极管。 ② 对大功率管，可选×1Ω 挡测量。 ③ 若测得二极管正、反向电阻值差别较大，则说明其正常；若正、反向电阻值都很大，则说明其内部断路；若正、反向电阻值都很小，则说明其内部短路；若正、反向电阻值差别不大，则说明其失去单向导电性能。二极管的正、反向电阻值随检测万用表的量程不同而变化，这是正常现象	阻值小 负极 二极管 正极 ×1k + − 阻值大 负极 二极管 正极 ×1k + −

7. 三极管

半导体三极管又称晶体三极管，简称晶体管或三极管。其主要特性是对电信号进行放大或组成开关电路。

(1) 三极管外形

常用三极管的外形如表 5-24 所示。

表 5-24 常用三极管的外形

名称	金属封装小功率三极管	金属封装中功率三极管	金属封装大功率三极管
图示		3AX55C 03J	MJ15025 MEXICO BM0550

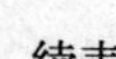

续表

名称	塑料封装小功率三极管	塑料封装中功率三极管	塑料封装大功率三极管
图示			

（2）三极管的主要参数

三极管的主要参数如表 5-25 所示。

表 5-25　　三极管的主要参数

主要参数	符号	定　义	特　点
共发射极电流放大系数	β	三极管共发射极连接、且 U_{CE} 恒定时，集电极电流变化量 I_C 与基极电流变化量 I_B 之比	三极管的放大系数一般为 30～100，太大了工作性能不稳定，太小了放大能力差
集电极最大允许电流	I_{CM}	三极管正常工作时集电极允许通过的最大电流	当 I_C 超过一定值时，会使三极管烧毁，因此 I_C<I_{CM}
集电极-基极穿透电流	I_{CEO}	发射极开路，在集电极与基极间加上一定的反向电压时流过集电结的反向电流	在一定温度下，I_{CEO} 是一个常量。温度升高，其值增大，并影响三极管的工作热稳定性。在相同的条件下，硅管比锗管的 I_{CEO} 小得多
发射结反向击穿电压	U_{EBO}	集电极开路，发射结反向击穿时，发射极与基极间加的反向电压	发射结加的反向电压应小于 U_{EBO} 的值，否则将击穿损坏三极管
集电极最大允许耗散功率	P_{CM}	使三极管将要烧毁而尚未烧毁的消耗功率	实际耗散功率应小于 P_{CM}，否则三极管会被烧毁

（3）三极管的检测

用指针式万用表检测三极管如表 5-26 所示。

表 5-26　　三极管的检测

类型	简　介	图　示
判定 b 极与三极管类型	万用表置 ×1kΩ 挡，测量三极管管脚中的每两个之间的正、反向电阻值。当用一表笔接其中一个管脚，而另一表笔分别接触另外两个管脚，测得电阻值均较小（1kΩ 或 5kΩ 左右）时，前者所接的那个管脚为三极管的 b 极。 将黑表笔接 b 极，红表笔分别接触其他两管脚，测得阻值都较小，则被测三极管为 NPN 型管，否则，为 PNP 型管	

续表

类型	简　　介	图　　示
判定 c 极	万用表置 × 1kΩ 挡，悬空 b 极，两表笔分别接剩余两管脚，此时指针应指∞。用手指同时接触 b 极与其中一管脚，若指针基本不摆动，可改用手指同时接触 b 极与另一管脚，若指针偏转较明显，读取指示值；再将万用表两表笔对调，同样测读示值。 比较两个示值，在示值较小的一次中，PNP 型三极管红表笔所接的电极为 c 极；NPN 型三极管黑表笔所接的电极为 c 极	b　+　–　× 1kΩ
测量穿透电流 I_{CEO}	万用表置 × 1kΩ 挡，测 c-e 极间的反向电阻。反向电阻越大，说明 I_{CEO} 越小。一般硅管阻值比锗管大，高频管比低频管阻值大，小功率管比大功率管阻值大。 同时还可对三极管的稳定性进行判断。用手捏住三极管的外壳，或将管子靠近发热体，所测反向电阻将开始减小。若指针偏转速度很快，或摆动范围很大，则说明三极管的温度稳定性差	c　b　e　+　–　× 1kΩ

(4) 散热器

功率三极管在工作时，除了向负载提供功率外，本身也要消耗一部分功率，从而产生热量，使三极管的温度升高，穿透电流增大，严重时会烧毁三极管。因此，一般大功率三极管都采用加装散热器及小风扇的办法来改善散热条件，如图 5-4 所示。

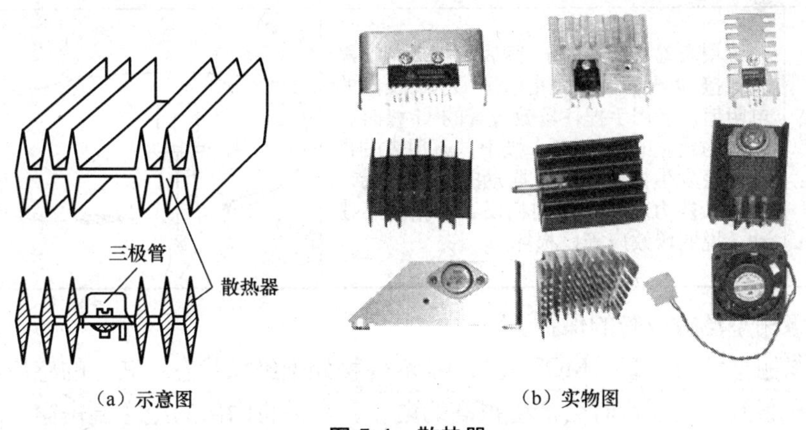

(a) 示意图　　(b) 实物图

图 5-4　散热器

8. 场效应管

场效应管是一种利用输入电压所产生的电场效应来控制输出电流实现放大作用的电压控制型元件，也称单极型晶体管。与半导体三极管相比，它具有输入阻抗高、噪声低、功耗小、动态范围大、易于集成等优点。

(1) 认识场效应管

场效应管简介如表 5-27 所示。

表 5-27　　场效应管简介

类型	结型场效应管		绝缘栅型场效应管	
导电沟道	N 沟道	P 沟道	NMOS 管	PMOS 管
导电方式			增强型	耗尽型
图示				

（2）场效应管的检测

用万用表检测结型耗尽型场效应管如表 5-28 所示。

表 5-28　　结型耗尽型场效应管的检测

类型	简　介	图　示
判定管脚	万用表置 ×1kΩ 挡，反复测试场效应管的三个电极，当测得其中两个电极的正反向电阻一致时，则这两个电极是 D 极和 S 极，另一极为 G 极。D 极和 S 极原则上可以互换使用，不必区分	
判定沟道类型	万用表置 ×1kΩ 挡，黑表笔接 G 极，红表笔分别触碰另两极，若测得电阻都小，则该管为 N 沟道场效应管；若测得电阻都很大，则为 P 沟道场效应管	
比较放大能力	万用表置 ×100Ω 挡，红表笔接 S 极，黑表笔接 D 极，万用表指示出 D、S 极间的电阻值。当用手捏住场效应管的 G 极时，人体的感应电压加到 G 极上，万用表的指针便会发生摆动。指针摆动的幅度愈大，则放大能力愈强；否则相反，若指针不摆动，说明场效应管已损坏	

（3）绝缘栅型场效应管的保护

对于绝缘栅型场效应管（MOS 管），因为 G 极处于绝缘状态，其上的感应电荷很不容易放掉，当积累到一定程度时会产生很高的电压，容易将内部的绝缘层击穿，所以在使用时应注意做好保护措施，如表 5-29 所示。

表 5-29　　MOS 管的保护

类　型	简　介
运输和存储	运输和储藏中必须将引出脚短路或用防静电屏蔽袋包装
电路保护	在 MOS 电路输入端添加保护，如在 G、S 极间接一反向二极管或一大电阻器，使累积电荷不致过多；或者接一个稳压管，使极间电压不致超过击穿值
操作人员	不能穿尼龙、化纤一类易产生静电的衣服上岗，应穿防静电服装和戴防静电手腕带等

续表

类　型	简　介
操作注意	① 焊接用的电烙铁外壳接地，或者利用烙铁断电后的余热焊接。 ② 装拆 MOS 管时，先将各极短路，避免 G 极悬空。 ③ 先焊 S 极、G 极，后焊 D 极
工作环境	工具、仪表、工作台等均应良好接地，能防静电

9. 晶体闸流管

晶体闸流管简称晶闸管，又叫可控硅整流器，俗称可控硅，有单向和双向两种，是一种可控开关型半导体器件，能在弱电流的作用下可靠地控制大电流的流通，如图 5-5 所示，具有体积小、重量轻、功耗低、效率高、寿命长及使用方便等优点。双向晶闸管的检测，如表 5-30 所示。

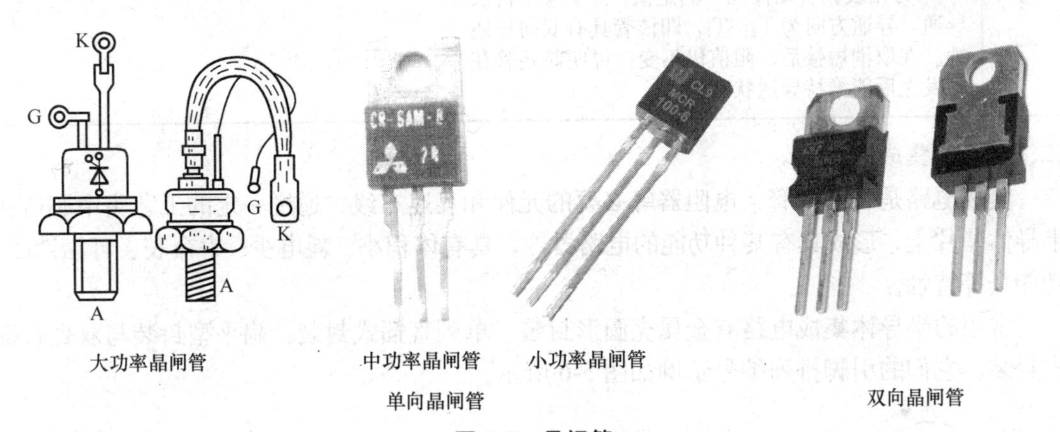

图 5-5　晶闸管

表 5-30　双向晶闸管的检测

步骤	简　介	图　示
1	万用表置 ×1Ω 挡，测量双向晶闸管任意两脚之间的正、反向电阻，如果测出某脚和其他两脚之间阻值均很大，则该脚为 T_2 极	T_1 T_2 G + − ×1Ω T_1 T_2 G + − ×1Ω

续表

步骤	简　介	图　示
2	假定剩下两脚中某一脚为T_1极，另一脚为G极。将黑表笔接T_1极，红表笔接T_2极，阻值应为∞，将T_2、G瞬时短接一下(给G极加上负触发信号)，若万用表指针动作为一固定值，证明管子已经导通，导通方向为$T_1 \rightarrow T_2$，上述假定正确；如指针无动作，说明假设错误。改变两表笔连接方式，重复上述操作	表针向右转 将T_2、G短接一下 T_1 T_2 G + − ×1Ω
3	将红表笔接T_1极，黑表笔接T_2极，然后将T_2极与G极瞬间短接一下（给G极加上正触发信号），万用表指针动作为一固定值，证明管子再次导通，导通方向为$T_2 \rightarrow T_1$，即该管具有双向导通性。在取消短接后，阻值仍不变，说明晶闸管在触发之后能维持导通状态	

二、半导体集成电路

集成电路是将晶体管、电阻器等必要的元件和互连布线，通过一定的工艺集中制造在半导体基片上，形成具有某种功能的电路器件，具有体积小、耗电少、寿命长、可靠性高、功能全等特性。

常用的半导体集成电路有金属壳圆形封装、单列直插式封装、扁平型封装与双列直插式封装，它们的引脚排列编号示例如图5-6所示。

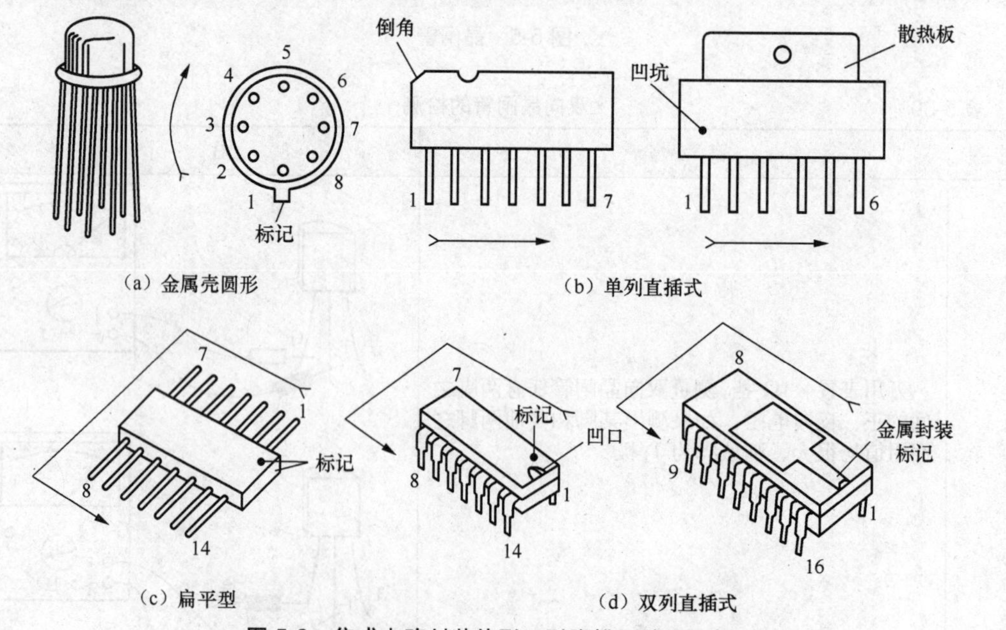

图5-6　集成电路封装外形及引脚排列编号示例

1. 集成运算放大器

集成运算放大器（简称集成运放或运放）是一种内部为直接耦合的具有高电压放大倍数的集成电路，早期的集成运算放大器主要应用于数学运算，故称“运算放大器”。

集成运算放大器由输入级、中间级、输出级和偏置电路组成，封装形式主要有金属壳圆形封装与双列直插式封装，前者的引脚有 8、10、12 三种形式；后者的引脚有 8、14、16 三种形式。

多端器件集成运算放大器，有一个反相输入端和一个同相输入端；一个输出端；两个连接电源的出线端，以供集成运算放大器内部所需的功率和传送给负载的功率；以及调零和相位补偿端等。

常用集成运算放大器简介如表 5-31 所示。

表 5-31　集成运算放大器简介

类型	通　用　型	低功耗型	高精度型	高阻型
主要特点	又分为Ⅰ型、Ⅱ型和Ⅲ型，其中Ⅰ型属低增益，Ⅱ型属中增益，Ⅲ型为高增益。 适合于一般性使用	工作时电流非常小，电源电压也很低，整个器件的功耗仅为几十微瓦。多用于便携式电子产品中	失调电压小（几微伏），温度漂移小（1μV/℃），增益、共模抑制比高	输入阻抗十分大，输入电流非常小
示例	CF741（单运放）、LM358（双运放）、LM324（四运放）等	CF253、CF7611/7621/7631/7641 等	如 CF725、CF7600/7601 等	LF356、LF355、LF347（四运放）及 CA3100 等
示例引脚图	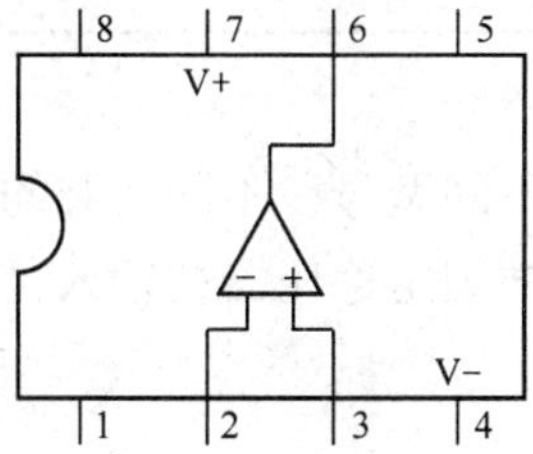 （LM318、单运放）	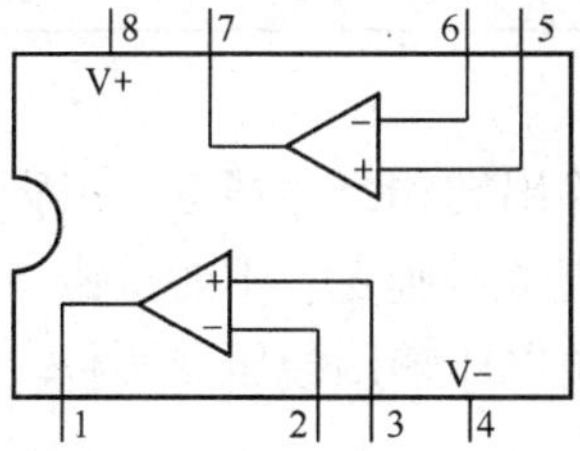 （LM158、双运放）		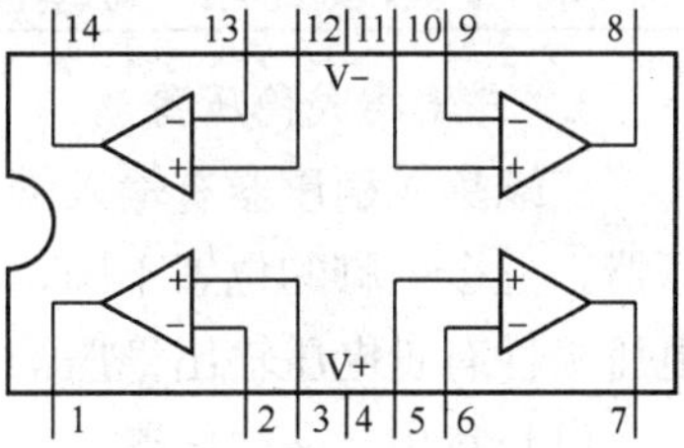 （LF347、四运放）

集成运算放大器的检测方法如表 5-32 所示。

表 5-32　集成运算放大器的检测方法

检测方法	操 作 说 明
电压检测法	在通电的状态下测量各引脚对接地脚的电压，然后与正确值进行比较。在路电压的标准数据有两种，若图纸上只给出一种，常为无输入信号时测得的电压值；若图纸上给出两个电压数据，则括号内的为有输入信号时测得的电压值
电阻检测法	在不带电的状态下，万用表置 ×1kΩ 挡，测各引脚对地的电阻值，看与正常的集成电路阻值是否一致，或变化规律是否相同，如果差不多则可判定被测集成电路是好的
信号检测法	使用信号源与示波器检查输入及输出信号是否符合放大特性的要求

2. 数字集成电路

用数字信号完成对数字量进行算术和逻辑运算的电路称为数字电路或数字系统，又称数字逻辑电路。数字集成电路就电路结构而言有单极型电路和双极型电路两种，单极型电路中的代表是CMOS电路，双极型电路中是TTL电路，如表5-33所示。

表5-33 数字集成电路

系列	子系列	分类	型号	功耗	工作电压（V）
TTL系列	TTL	普通系列	74/54	10mW	74系列4.75～5.25
	LSTTL	低功耗TTL	74/54LS	2mW	
MOS系列	CMOS	互补场效应管型	40/45	1.25μW	3～18
	HCMOS	高速CMOS	74HC	2.5μW	2～6
	ACTMOS	与TTL电平兼容型	74ACT	2.5μW	4.5～5.5

注：型号中"74"为民用产品、"54"为军用产品、"40/45"为高速CMOS

用万用表检测数字集成电路如表5-34所示。

表5-34 用万用表检测数字集成电路

类型	简介
电源端	万用表置×1kΩ 挡，测量电源端的正、反向电阻值，若电阻值小于数百欧，则该器件有可能已经损坏
输入端	数字集成电路各个输入端的电阻值基本相同。万用表置×1kΩ 挡，红笔接输入端，黑笔接地端时阻值约为∞，黑笔接输入端，红笔接地端时阻值约为数千欧。若出现某个引脚阻值与其他引脚阻值相差过大，则说明该引脚有故障
输出端	万用表置×1kΩ 挡，测量正向电阻值，TTL电路的阻值约为数十千欧，CMOS电路的阻值约为∞；测量反向电阻值都在数千欧左右。若出现某个引脚阻值与其他引脚阻值相差过大，则说明该引脚有故障

3. 三端集成稳压器

三端集成稳压器有输入端、输出端和公共端三个引脚，不同型号、不同封装的集成稳压器，三个引脚的位置不同，要查资料确定，不能接错。三端固定稳压器按输入、输出的电压极性有正电压输出稳压器和负电压输出稳压器两种。

（1）常用三端稳压器

常用的三端稳压器有78系列和79系列，78系列为正电压输出，79系列为负电压输出，如表5-35所示。

表5-35 常用三端固定稳压器

外形		TO-39		TO-220		TO-3	
型号系列		78××	79××	78××	79××	78××	79××
引脚功能	1	输入端	接地端	输入端	接地端	输入端	接地端
	2	输出端	输出端	接地端	输入端	输出端	输出端
	3	接地端	输入端	输出端	输出端	接地端	输入端
图示		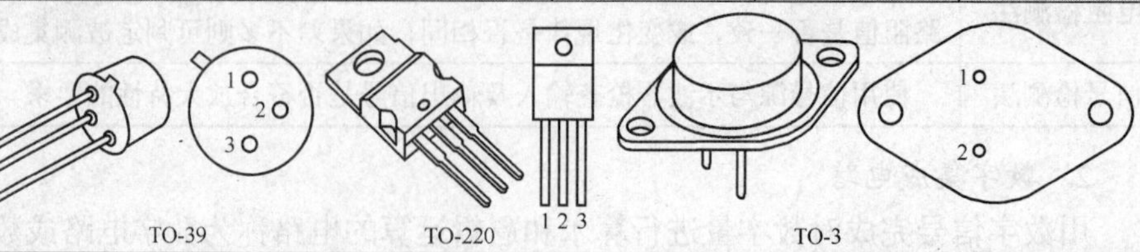					

（2）三端可调稳压器

三端可调稳压器的三个引脚分别是输入端、调整端和输出端，它有三端可调正电压输出和三端可调负电压输出两种。正电压输出的有 17 系列，负电压输出的有 37 系列。两个系列的输出电压均为±1.25～±37V 可调，输出电流与封装形式则有所差异。其中，××117 系列、××137 系列为军用品，××217 系列、××237 系列为工业用品，××317 系列、××337 系列为民用品。

LM317 三端可调稳压器的检测如表 5-36 所示。

表 5-36　　LM317 三端可调稳压器的检测

简　　介	引 脚 参 数			图　　示
	引脚	电阻值	功能	
万用表置×1kΩ 挡，红表笔接散热器（带小圆孔），黑表笔依次接 1、2、3 脚，检测的结果与引脚参数对照，若不同说明 LM317 不能正常使用	1	24kΩ	调整端	
	2	0Ω	输出端	
	3	4kΩ	输入端	

4. 集成电路使用注意事项

① 使用前应对集成电路的功能、内部结构、电特性、外形封装及与该集成电路相连接的电路作全面的分析和理解，使用时的各项电性能参数不得超出该集成电路所允许的最大使用范围。

② 安装集成电路时要注意方向，不要搞错，在不同型号间互换时更要注意；切忌带电插拔集成电路。

③ 正确处理好空脚，遇到空的引脚时，不应擅自接地，这些引脚为更替或备用脚，有时也作为内部连接。CMOS 电路不用的输入端不能悬空。

④ 注意引脚承受的应力与引脚间的绝缘。

⑤ 集成电路及其引线要远离脉冲高压源，功率集成电路要有足够的散热器，并尽量远离热源。

⑥ 防止感性负载的感应电动势击穿集成电路，可在集成电路相应引脚接入保护二极管，以防止过压击穿。注意供电电源的极性和稳定性，可在电路中增设诸如二极管组成的保证电源极性正确的电路和浪涌吸收电路。

三、其他常用电子元器件

1. LED 显示屏

LED 显示屏是一种常用的数显器件。把发光二极管的管芯制成条状，再按适当的方式连接成发光段或发光点，使用时让某些笔段上的发光二极管发亮，就可以显示从 0 到 9 的十个数字，这就是 LED 数码管，即一位 LED 显示屏。

根据能显示多少个“8”，可划分成一位、双位和多位。两位以上的一般称为显示屏。除显示数字的 LED 外，还有能显示字母、符号、文字和图形、图像的显示屏。

单色、双色点阵式 LED 显示屏简介如表 5-37 所示。

表 5-37　　单、双色点阵式 LED 显示屏简介

类型	简　　介	图　　示
单色	8×8 点阵共需要 64 个发光二极管，且每个发光二极管放置在行线和列线的交叉点上。当行、列呈现不同电平时，则相应的发光二极管点亮。如行一加高电平，列一加低电平，则 VD1 亮，其余的都不亮；若行一加高电平，列八加低电平，则 VD8 亮，其余依此类推	实物图 内部电路图 服务无限，诚信永远 应用实例
双色	双色点阵式 LED 的每一个发光点都是由红色和绿色各一只发光二极管组成，当它们单独点亮时，就分别发红光和绿光；当它们一起点亮时就发黄色光	实物图 内部电路图 应用实例

2. 液晶显示器

液晶显示器就是利用液晶的电光效应制成的显示器，又称 LCD 数码显示器。它具有体积小、重量轻、低电压、微功耗、平板显示等优点。

液晶显示器简介如表 5-38 所示。

表 5-38　　液晶显示器简介

类型	内　　容	图　　示
简介	液晶显示器通常是一个很薄的扁平盒，盒子上下两面是透明的玻璃板和偏振片，四周用环氧树脂密封，中间夹上一层 0.01mm 左右的液晶材料后抽成真空，与液晶材料接触的玻璃板内侧涂着极薄的透明导电电极，改变控制电极之间的电压，可以完成显示功能	
数字显示	将导电电极制成特定的形状，按 a~g 划成七段互相绝缘的电极，控制各段电极的电压，可以实现 0~9 的数字显示。 液晶显示器不是主动发光器件，液晶本身不会发光，而是借助良好的环境光或者其他形式的外加光源来清晰显示图形。外部光线越强，显示效果越好	c g a b h d e f 7 段正面电极　8 字形背电极
显示类型	TN 型	正型显示　负型显示
照明方式	透射型和半透射型一般都需要加背光源，这种方式在正常光线及暗光线下，显示效果都很好。但在日光下，很难辨清显示内容。同时背光要消耗电源的能量	反射型　透射型 半透射型

续表

类型	内　　容	图　　示
检测	以三位半静态液晶显示器为例： 万用表置×10kΩ 挡，将一表笔接液晶显示屏靠近半位一边最边上的背极（BP 脚），另一表笔分别触碰除画“×”的引脚外的其他各引脚，被碰触的引脚对应的笔段都应该明显地发亮，否则说明这一笔段显示有问题	LOBAT BP : × × × × × g_3 f_3 A_3 B_3 : g_2 f_2 A_2 B_2 g_1 f_1 A_1 40 39 38 37 36 35 34 33 32 31 30 29 28 27 26 25 24 23 22 21 LOBAT B_4 ÷ C_4 •1 A_3 f_3 B_3 g_3 e_3 C_3 d_3 •2 A_2 f_2 B_2 g_2 e_2 C_2 d_2 •3 A_1 f_1 B_1 g_1 e_1 C_1 d_1 1 2 3 4 5 6 7 8 9 10 11 12 13 14 15 16 17 18 19 20 BP − B_4 C_4 × × × × •1 e_3 d_3 C_3 •2 C_2 d_2 C_2 •3 e_1 d_1 C_1 B
特点	① 使用寿命长； ② 无辐射污染； ③ 适合于人眼视觉，不易引起眼睛的疲劳； ④ 所需工作电压一般为 2~3V，电流约几个微安，属于低功耗显示器件； ⑤ 由于液晶无色，采用滤色膜实现彩色化，在视频领域有着广阔的发展前途	

液晶显示器使用注意事项：

① 切忌过长时间施加直流电压；尽量避免长时间显示同一张画面；不要把亮度调得太大；不用时，最好关闭电源。

② 保持使用环境的干燥、远离一些化学药品，不得超过指定工作温度范围。

③ 平常最好使用推荐的最佳分辨率。

④ 避免强紫外线照射并应保护 CMOS 驱动电路免受静电的冲击。

⑤ 不要用手去按压或用硬物敲击显示屏，防止液晶板玻璃破裂。

⑥ 保持器件表面清洁，采用正确方法清洗。

⑦ 在使用或更换液晶显示器时，一定要认清不同的驱动类型。

3. 扬声器

扬声器是把音频电信号转变为声音信号的电声器件，又称喇叭，如图 5-7 所示。使用最广泛、数量最多的是电动式扬声器。

图 5-7　扬声器外形

（1）扬声器的标称值

扬声器上直接标注有额定功率和标称阻抗等主要参数，如图 5-8 所示。常用的功率有 0.1VA、0.25VA、0.5VA、1VA、3VA、5VA、10VA、50VA、100VA 及 200VA；常用的标称阻抗有 4Ω、8Ω 和 16Ω。

图 5-8　扬声器的铭牌

（2）扬声器的检测

扬声器的检测如表 5-39 所示。

表 5-39　　扬声器的检测

类型	简　介	图　示
性能	万用表置 ×1Ω 挡，用两表笔断续触碰扬声器的两引出端，若扬声器发出“喀喀……”声，则说明正常；若无声，则说明断路；若为“破声”，则说明纸盆脱胶或漏气	+ − R×1Ω
音圈直流电阻	万用表置 ×1Ω 挡，两表笔接扬声器的两引出端，万用表指示为扬声器标称阻抗的 0.8 倍左右。若数值过小，说明音圈短路；若过大，则说明音圈断路	6.4Ω 左右 + − R×1Ω

4. 耳机

（1）耳机的外形（见图 5-9）

（2）耳机的主要参数

① 阻抗：一般耳机的阻抗是在 1kHz 的频率下测定的，它是直流电阻和感抗的合成结果。高阻抗有 2kΩ、4kΩ，低阻抗有 8Ω、16Ω、25Ω 和 60Ω；高阻抗耳塞机有 800Ω 和 1500Ω 等。

② 灵敏度：向耳机输入 1mW 的功率时耳机所能发出的声压级（声压的单位是分贝，声压越大，音量越大），一般灵敏度越高、阻抗越小，耳机越容易出声、越容易驱动。

③ 频率响应：频率所对应的灵敏度数值，人的听觉所能达到的范围在 20Hz～20kHz，成熟的耳机工艺都已达到了这种要求。

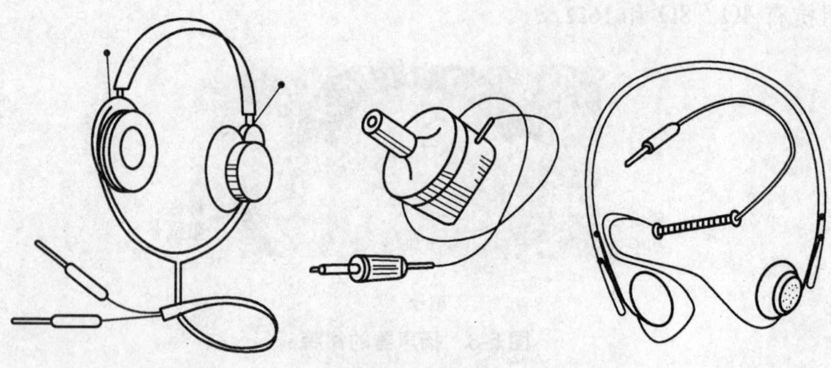

图 5-9　耳机

（3）耳机使用注意事项

① 根据使用的场合选用耳机，并插入专门的插口，然后逐渐增大音量。

② 电路的输出功率必须小于 1/4W，阻抗要相匹配，否则很容易损坏耳机。

③ 注意防磁、防潮，及远离热源。

5. 压电陶瓷发声元件

压电陶瓷发声元件简介如表 5-40 所示。

表 5-40　　压电陶瓷发声元件简介

类型	简　介	图　示
压电陶瓷发声元件	压电陶瓷发声元件既可以作发声元件，又可以作接收声音的元件。 当对压电陶瓷发声元件讲话时，它受到声波的振动而在两电极产生音频电压输出。反之，把一定的音频电压加在压电陶瓷发声元件的两极，压电陶瓷片就会产生相应的振动，推动空气发出声音	外形 助声腔盖　镀银层　焊点　接线　出声孔　电压蜂鸣片　焊点 结构示意图
检测	① 万用表置 ×1kΩ 挡，给两表笔施加变化的压力，其阻值波动越大，则灵敏度越高； ② 万用表置最小电流挡，两表笔分别接两引线，将陶瓷片平放在桌上，用铅笔橡皮头轻按压陶瓷片，若万用表指针明显摆动，则元件正常，否则，为已损坏； ③ 用信号源发出 2～3kHz 的信号至压电陶瓷发声元件，通过发声响度来判定其灵敏度	R×1kΩ　铅笔　DC 50μA 万用表检测 信号源 信号源检测

续表

类型	简 介	图 示
蜂鸣器	蜂鸣器有有源蜂鸣器和无源蜂鸣器两种。 ① 从外观上看，它们好像一样，但高度低者为无源。 ② 将两蜂鸣器的引脚都朝上放置，有绿色电路板的一种为无源，没有电路板用黑胶封闭的为有源。 ③ 万用表置×1Ω 挡，黑表笔接蜂鸣器“+”引脚，红表笔在“−”引脚上来回触碰，发出“咔、咔”声，且阻值有8Ω（或 16Ω）的为无源；发出持续声音，且阻值在几百欧以上的为有源。 ④ 标签上注有额定电压，接上电源就可连续发声的为有源，和扬声器一样需要接在音频输出电路中才能发声的为无源	无源蜂鸣器 有源蜂鸣器

6. 传声器

传声器又称话筒或麦克风。常用传声器简介如表 5-41 所示。

表 5-41 常用传声器简介

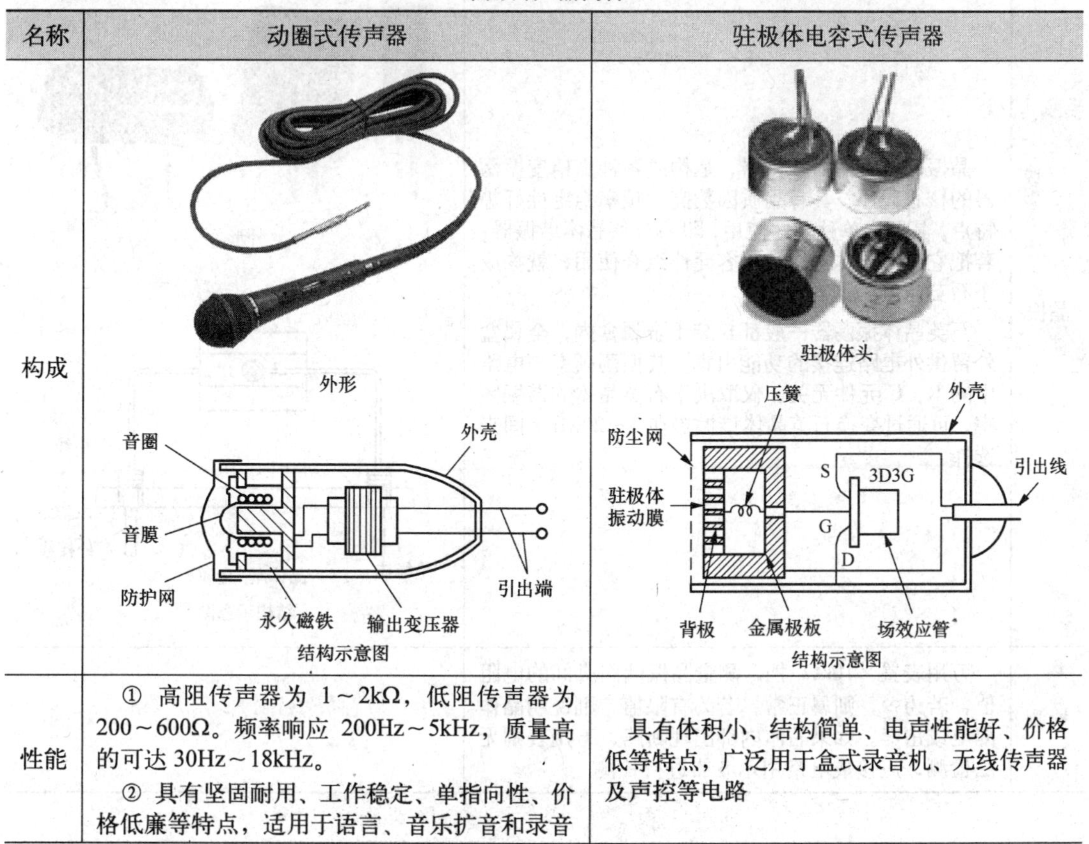

名称	动圈式传声器	驻极体电容式传声器
构成	外形 结构示意图	驻极体头 结构示意图
性能	① 高阻传声器为 1～2kΩ，低阻传声器为 200～600Ω。频率响应 200Hz～5kHz，质量高的可达 30Hz～18kHz。 ② 具有坚固耐用、工作稳定、单指向性、价格低廉等特点，适用于语言、音乐扩音和录音	具有体积小、结构简单、电声性能好、价格低等特点，广泛用于盒式录音机、无线传声器及声控等电路

续表

名称	动圈式传声器	驻极体电容式传声器
检测	① 万用表置×1Ω 挡，用两表笔触碰传声器的两引出端，若传声器中发出清脆的"喀、喀"声，则为正常；若无声，则说明传声器有故障。 ② 若传声器有故障，则可拆开进一步检测其输出变压器的初级线圈和音圈是否断线 3 1 4 2 + − R×1Ω	万用表置×1kΩ 挡，黑表笔接传声器的 D 端，红表笔同时接 S 端和接地端。向传声器发声，万用表指针有指示，则为正常，指针偏转越多，说明传声器灵敏度越高；若无指示，则说明传声器有问题 有指示 短路线 地 + − R×1kΩ

7. 晶振

晶振简介如表 5-42 所示。

表 5-42 晶振简介

类型	简　　介	图　　示
晶振	晶振即石英晶体谐振器，是构成各种高精度振荡器的核心元件，具有品质因数高，频率稳定性好等特点。晶振作单独元件使用，即为石英晶体谐振器；若把它与半导体器件及阻容元件组合使用，就构成了石英晶体振荡器。 石英晶体振荡器一般都封装于金属盒内，金属盒外留供外电路连接的功能引脚。其振荡频率与电路中的 R、C 元件无关，仅取决于石英晶体的谐振频率，可通过变换石英晶体谐振器在 1～20MHz 间来选择	外形 晶片 引线 绝缘体 外接线 晶体座（金属） 结构示意图
检测	万用表置×10kΩ 挡，测量晶振两引脚间的电阻值，若为∞，则属正常；若为有限值，则说明晶体漏电或击穿。如果晶体内部出现断路，万用表则无法检测，应接成电路用示波器进行检测	

续表

类型	简　介	图　示
注意事项	① 拿取晶振时，不要跌落到硬地面上或受到强烈冲击，否则容易破坏其内部结构。 ② 有晶振的印制电路板，最好不要用超声波进行清洗，以免晶体遭到破坏。 ③ 焊接晶振时，电烙铁外壳要有良好的接地。 ④ 供电电源要接有能消去浪涌脉冲的合适滤波电容器。 ⑤ 使用高精度晶振构成的高精度、高稳定度振荡器时，一定要选好其温度的适用范围，并在电路中加合适的恒温措施	

8．滤波器

滤波器能从具有各种不同频率成分的信号中，取出（过滤出）具有特定频率成分的信号。常用滤波器简介如表5-43所示。

表5-43　常用滤波器简介

类型	简　介	图　示	检测方法	应　用
陶瓷滤波器	由压电陶瓷材料制成，有二端和三端两种结构。具有体积小、品质因数高、损耗小、通频带宽、选择性好、性能稳定、不用调整以及生产工艺简单等特点，广泛应用于各种电子设备中	二端陶瓷滤波器 SFE 6.0MB 三端陶瓷滤波器	万用表置×10kΩ挡，测量其各引脚间的电阻值，若为∞，则属正常；若为有限值，则说明被测陶瓷滤波器有漏电现象；若为零，则说明其内部短路。如果陶瓷滤波器内部出现断路，万用表则无法检测，可通过搭接实用电路来进行判断	常用的二端陶瓷滤波器有465kHz和6.5MHz两种固定频率，使用时两个引脚不用区分；三端陶瓷滤波器有465kHz、6.5MHz和10.7MHz 3种固定频率（收音机、电视机用），使用时接地脚必须接地
声表面波滤波器	利用某些石英晶体、压电陶瓷的压电效应和声表面传播的物理特性而制成的一种滤波专用器件。广泛应用于电视机及录像机的中频输入电路作选频元件	F3876T K9350S	万用表置×10kΩ挡，测量电极1和电极3都与金属外壳相连，电极2与其他电极之间的电阻值，若为∞，则属正常；若为有限值或为零，则说明滤波器漏电或击穿	标称频率有37MHz和38MHz两种

9．普通开关

开关是一种在电路中起控制、选择和连接等作用的器件，它不仅仅只限于一个电路通、断或转换的完成，而且可能是多个电路的同时改变，这种改变可能还有几种选择。

(1) 开关外形

常用开关的外形如表 5-44 所示。

表 5-44 常用开关的外形

名称	钮子开关	波动开关	按钮开关
图示			
名称	按帽开关	微动开关	拨动开关
图示			单排式 双排式
名称	按键开关	杠杆开关	旋转开关
图示		A B C 120 3120 3120 3120 3 1 2 0 3 动触片 0 刀触片 1 2 3 位触片	封闭式 敞开式

(2) 开关的主要参数

开关的主要参数如表 5-45 所示。

表 5-45 开关的主要参数

主要参数	意　义
容量	在正常工作状态下可容许的电压、电流及负载功率
最大额定电压	在正常工作状态下开关允许施加的最大电压
最大额定电流	正常工作状态下开关所允许通过的最大电流
接触电阻	开关接通时，两个触点导体间的电阻值。一般机械开关在 $2\times10^{-4}\Omega$ 以下
绝缘电阻	对指定的导体间绝缘体所呈现的电阻值。一般开关均大于 100MΩ
耐压或抗电强度	指定的不相接触的导体之间所能承受的电压。一般应为 100～500V
寿命	在正常条件下能工作的有效使用次数。通常为 $5\times10^3\sim5\times10^4$ 次，较高要求为 $5\times10^4\sim5\times10^5$ 次

（3）薄膜开关、触摸开关

薄膜开关、触摸开关简介如表 5-46 所示。

表 5-46 薄膜开关、触摸开关简介

类 型	简 介	图 示
薄膜开关	又称触摸开关或轻触式键盘，由引出线、电极、中间隔离层及面板层等构成。背面有强力压敏胶层，将防粘纸撕掉后，便可贴在仪器的面板上，且开关的引出线为薄膜导电带，并配以专用插座连接	
触摸开关	一般由金属片、三极管放大器、三极管开关电路、延时电路及晶体闸流管等组成。当人触摸金属片，开关就接通，延时后，再自动关断	

（4）智能开关

常用智能开关简介如表 5-47 所示。

表 5-47 常用智能开关简介

类 型	简 介	图 示
声、光控制延时开关	利用声音控制电路工作的电子开关。当周围环境光线较暗时自动进入工作状态，只要靠近开关产生声响，电路将自动接通并持续 2min 左右，再自动关断	
人体红外感应开关	当有人进入开关感应范围内时，专用传感器探测到人体红外光谱的变化，开关就自动接通负载；人在感应范围内活动并不离开，开关就始终接通；在人离开后，开关延时并自动关断	

10. 常用接插件

接插件在电子设备中主要起电路的连接作用。除专用功能的接插件外，一般接插件大体上有插座、连接器、接线板和接线端子等几个类型。

(1) 接插件外形

常用接插件的外形如表 5-48 所示。

表 5-48　　常用接插件的外形

名称	电源插头、插座	圆形插座	集成电路插座
图示	二芯、三芯插头　二芯、三芯插座		
名称	印制电路板插座	同心连接器	小型视频连接器
图示		三芯插头、插座	
名称	圆形连接器	条列式连接器	矩形连接器
图示			
名称	接线端子	保险管盒	鳄鱼夹
图示			

(2) 接插件的主要参数

接插件的主要参数如表 5-49 所示。

表 5-49　　接插件的主要参数

主要参数	意　义
最高工作电压、工作电流	在正常工作条件下，插头、插座的接触对所允许的最高电压和最大电流
绝缘电阻	插头、插座的各接触对之间及接触对与外壳之间所具有的最低电阻值
接触电阻	插头插入插座后，接触对之间所具有的电阻值
分离力	插头或插针拔出插座或插孔时所需要克服的阻力

(3) 常用接插件的检测

对接插件的检测主要采用直观检查和万用表检测。直观检查就是通过查看是否断线或引线相碰等，适用于插头外壳可以旋开进行检查的接插件。用万用表的欧姆挡检测接触对的断开电阻和接触电阻，接触对的断开电阻值均应为∞；若断开电阻值为零，说明电路中有短路；接触对的接触电阻值均应小于 0.5Ω，若大于则说明存在接触不良的现象。

第二部分 项目实训

一、分立元器件的认识

① 观察一些实际的元器件，再查找相关资料，认识电阻器、电位器、敏感电阻器、电容器、电感器，并将识别的内容填写在表 5-50 中。

表 5-50 分立元器件的认识（1）

固定电阻器							
序号	电阻器类型	阻值标称方法	标称阻值	误差表示方法	误差大小	测量仪表	测量值
电位器							
序号	电位器类型	阻值标称方法	标称阻值	误差表示方法	误差大小	测量仪表	测量值
敏感电阻器							
序号	电阻器类型	阻值标称方法	标称阻值	电阻器外形	技术指标	应用电路	
电容器							
序号	电容器类型	容量标称方法	标称容量	误差表示方法	误差大小	测量仪表	测量值
序号	电容器标志	电容器名称	电容量	额定耐压值	误差大小	测量仪表	测量值

续表

电感器							
序号	电感器类型	电感器标称方法	额定电流	标称电感量	误差大小	测量仪表	测量值

② 观察一些实际的元器件，再查找相关资料，认识二极管、三极管、场效应管、晶闸管，并将识别的内容填写在表 5-51 中。

表 5-51　　分立元器件的认识（2）

二极管								
序号	型号	材料（硅或锗）	测量仪表	仪表挡位	正向值	反向值	质量结论	作用

三极管									
序号	型号	材料（硅或锗）	测量仪表	仪表挡位	极间	正向值	反向值	质量结论	作用

场效应管									
序号	型号	材料（硅或锗）	测量仪表	仪表挡位	极间	正向值	反向值	质量结论	作用

二、认知集成电路

观察一些实际的集成电路，再查找相关资料，将识别的内容填写在表 5-52 中。

表 5-52　　集成电路的认识

序号	型　号	封装形式	类　型	应用场合	主要参数	备　注

三、LED显示屏调查

调研身边的LED显示屏，将结果填入表5-53中。

表5-53 LED显示屏调查

名称	类型	应用场所

四、开关与接插件调查

调研身边使用的普通开关与接插件，将结果填入表5-54中。

表5-54 开关与接插件调查

名称	用途	应用设备（场所）	性能状况

项目六 手工锡焊技术

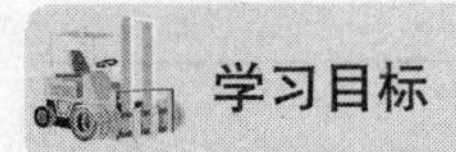

学习目标

学 习 目 标		学 习 方 式	学时
知识目标	了解锡焊知识	教师讲授	7 课时
技能目标	① 掌握手工焊接和拆焊的步骤和方法； ② 掌握常用焊接工具和设备的使用与维护	学生边学边练，教师指导、答疑。 重点：手工焊接	

焊接是电子产品制造过程中重要的工艺环节之一，焊接的质量是电子产品质量的关键。手工焊接一般是锡焊，它是焊接技术中最普遍、最具代表性的一种焊接。

第一部分 项目相关知识

一、锡焊知识

锡焊简而言之，在微观机理上包括润湿与扩散两个过程。

1. 润湿

焊料在被焊金属表面形成均匀、平滑、连续并附着牢固的焊料层的过程为润湿，又称浸润。润湿的好坏程度取决于焊件表面的清洁程度及焊料的表面张力，如图 6-1 所示。

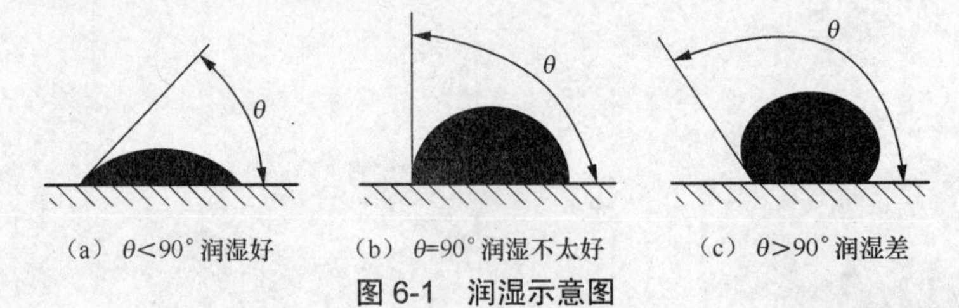

图 6-1 润湿示意图

2. 扩散

伴随着熔融的焊料在被焊金属表面上的润湿，焊料与被焊金属还会形成相互的扩散，在两者界面上形成一个新的合金结合层，如图 6-2 所示。

只有焊锡与元器件的交接面、焊锡与 PCB 焊盘表面形成合金层，才能使元器件得到牢固的固定。焊点界面的厚度一般在 3～10μm，因温度和焊接时间不同而异。

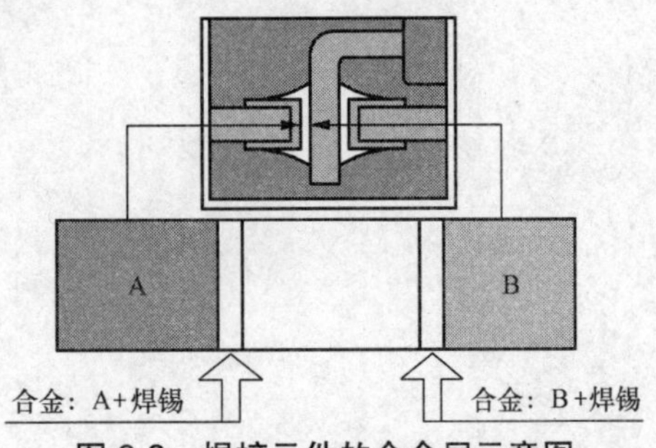

图 6-2 焊接元件的合金层示意图

锡焊是综合的、系统的过程，焊接的质量取决于被焊金属的可焊性、焊接部位的清洁度、所使用的助焊剂、焊接时的温度、焊接所用的时间、正确的焊接方法和步骤等因素。

二、手工焊接与拆焊方法

手工焊接技术是一线技术人员必备的生产技能。

1. 焊接前的准备

(1) 器材的准备

焊接前必须清理工作台面，准备好焊料、焊剂、烙铁架和镊子等必备的工具器材。更重要的是要准备好电烙铁，按不同的焊接任务，选用不同的电烙铁，如表 6-1 所示。

表 6-1　电烙铁的选用

焊 接 对 象	烙铁头温度（℃）	选用电烙铁
维修、调试一般电子产品	300～350	20W 内热式、恒温式、感应式、两用式
一般印制电路板	300～400	20W 内热式、30W 外热式、恒温式
集成电路	300～400	20W 内热式、恒温式
焊片、电位器、2～8W 电阻器、大电解电容器、大功率管	350～450	35～50W 内热式、恒温式、50～75W 外热式
8W 以下大电阻器、ϕ2mm 以上导线	400～550	100W 内热式、150～200W 外热式
汇流排等	500～630	300W 外热式

新烙铁在使用前需进行处理才能使用，其方法和步骤如表 6-2 所示。

表 6-2　电烙铁的处理

步骤	1	2	3
简介	待处理的烙铁头	用细砂布（或细锉刀）对烙铁头进行打磨，除去表面氧化膜，露出平整光滑的铜表面	通电。将打磨好的烙铁头紧压在松香上，随着烙铁头的加温松香逐步熔化，使烙铁头被打磨好的部分完全浸在松香中
图示			
步骤	4	5	
简介	待松香出烟量比较大时，取出烙铁头，用焊锡丝在烙铁头上薄薄地镀上一层焊锡	反复操作，直至烙铁头的使用部分全部镀上锡为止	
图示			

(2) 器材的检查

装配前要对印制电路板和元器件进行检查。

① 印制电路板的图形、孔位及孔径是否与图纸相符，有无断线或缺孔；表面处理是否合格，有无污染或变质。

② 元器件的品种、规格及外封装是否与图纸相符，外观是否完整无损，引线有无氧化、锈蚀。有裂纹、变形、脱漆、损坏的元器件不可投入生产。

(3) 被焊元器件的准备

手工焊接过程可归纳为“一刮、二镀、三测、四焊”，而“刮”、“镀”、“测”则是焊接前的准备工作。

① “刮”。“刮”就是处理焊接对象的表面。

被焊元器件的引脚、电器设备的接线引出端、印制电路板等焊接表面，一般都有一层绝缘漆、氧化层或污垢，都会妨碍对元器件的焊接，在焊接前必须用橡皮、细砂纸或美工刀进行清除处理，直至表面光洁如新。元器件引脚及印制电路板的处理，如图 6-3 所示。

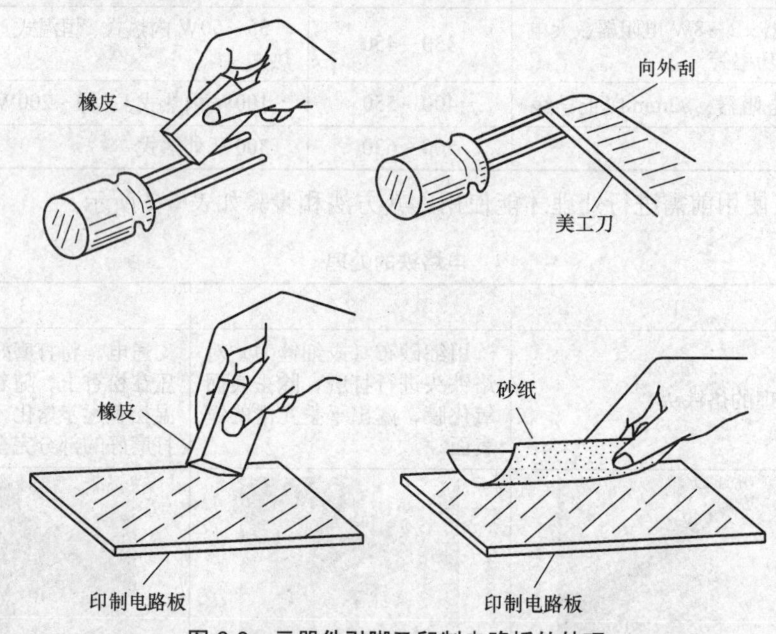

图 6-3 元器件引脚及印制电路板的处理

② “镀”。“镀”就是给被焊部位镀锡。

被焊元器件清洁后的部位要及时镀锡，以防再次氧化，如图 6-4 所示。用电烙铁头蘸上锡后，在松香的作用下，沿元器件引脚拖动，即可在引脚上镀上薄薄的一层焊锡。

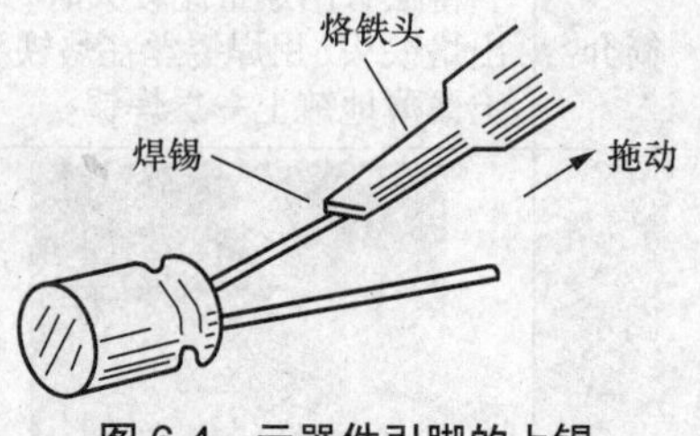

图 6-4 元器件引脚的上锡

③ “测”。“测”就是对镀锡了的元器件进行电气性能检查。

(4) 元器件引线成型与安装

元器件的引线成型取决于元器件本身的封装外形和印制板上的安装位置，一般应留1.5mm以上的余量，弯曲不要成死角，弯曲半径要大于引线直径的1～2倍，尽量将有字符的面置于容易观察的位置，如图6-5所示。

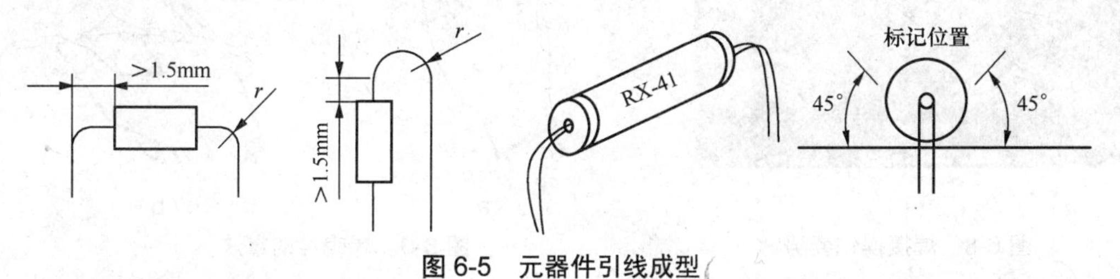

图6-5 元器件引线成型

集成电路的引脚一般用专用设备进行成型，双列直插式集成电路的引脚间的距离也可利用平整桌面或抽屉边缘，通过手工操作来调整，如图6-6所示。

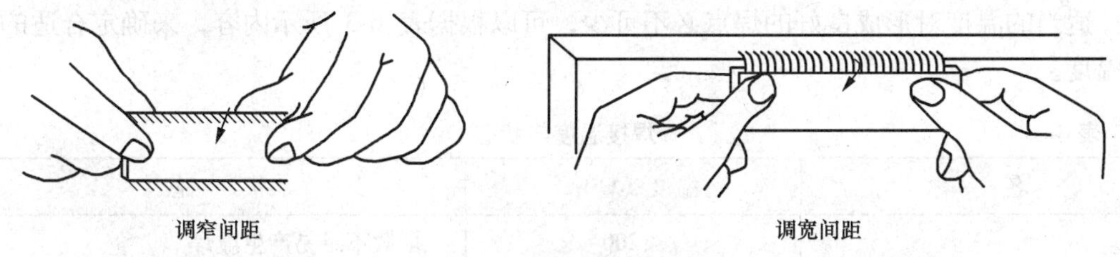

图6-6 集成电路引脚成型

元器件的安装首先要保证符合图纸中安装工艺要求，其次按实际安装位置确定。一般无特殊要求时，只要位置允许，贴板安装较为常用，如图6-7所示。

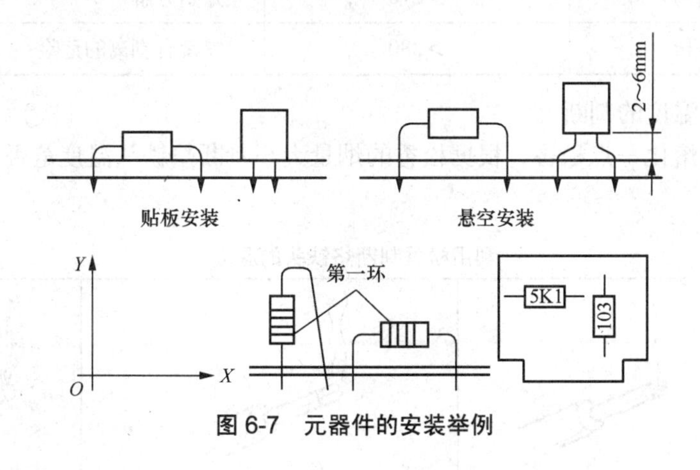

图6-7 元器件的安装举例

2. 焊接操作的姿势

焊接操作时，一般要求挺胸端坐，不要弯腰，鼻尖与烙铁头至少保持20cm的距离，通常以40cm为宜。在保证被焊件固定好以后，通常左手拿焊锡丝，右手拿电烙铁，对被焊件进行焊接，如图6-8所示。

焊锡丝一般有两种拿法，一种是适用于连续焊接的连续工作的拿法，如图6-9（a）所示；另一种是适用于断续焊接的拿法，如图6-9（b）所示。

图 6-8　焊接操作姿势

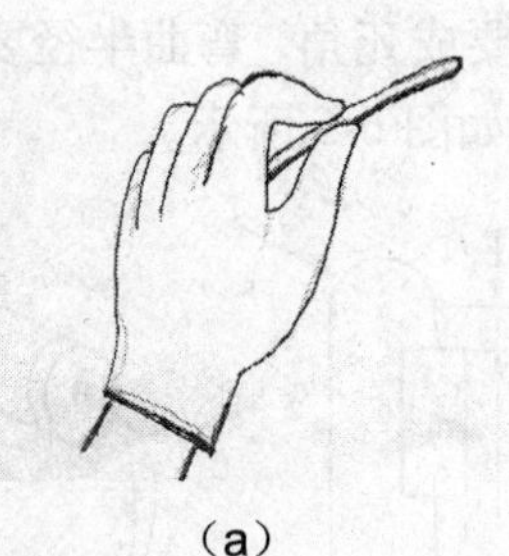

(a)

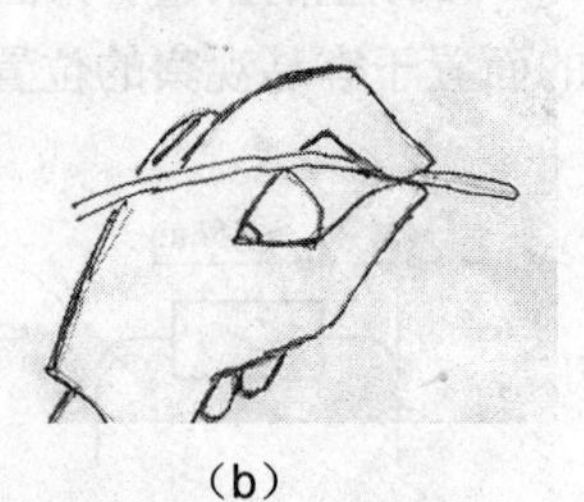

(b)

图 6-9　焊锡丝的拿法

由于焊丝成分中，铅占一定比例，因此操作时应戴上手套或操作后洗手，避免食入。

3. 焊接温度与加热时间

(1) 适当的焊接温度

适当的温度对形成良好的焊点必不可少，可以根据表 6-3 所示内容，来确定合适的焊接温度。

表 6-3　焊接温度与状态

名　称	温度（℃）	状　态
焊料	＜200	扩散不足易产生虚焊
	200～280	抗拉强度高
	＞300	生成金属化合物
焊剂（松香）	＞210	开始分解
印制电路板	＞280	焊盘有剥离的危险

(2) 烙铁头温度的判断

在烙铁头上熔化一点松香，根据松香的烟量大小判断烙铁头温度是否合适，如表 6-4 所示。

表 6-4　利用松香判断烙铁头的温度

现象			
烟量	烟量小，持续时间长	烟量中等，烟消失时间约在 6～8s	烟量大，消失很快
温度	温度低，不宜于焊接	烙铁头部温度适当，宜于焊接	温度高，不宜于焊接

(3) 适当的加热时间

在焊接温度确定之后，应根据润湿状态来决定焊接时间的长短。通常要求焊接时间在 1.5～4s，对同一个焊点应断续焊接，不能连续焊接。

4. 焊接操作的基本方法

手工焊接操作过程可以分为 5 个步骤，如表 6-5 所示。

表 6-5 五步操作法

步骤	简　介	图　示
准备施焊	将被焊元器件固定在适当的位置，电烙铁、焊锡丝、烙铁架等放置在便于操作的地方，进入可焊状态；让电烙铁加热到工作温度，烙铁头保持干净并在表面镀上一层焊锡。 左手拿焊丝，右手握烙铁，烙铁头和焊锡丝同时移向焊接点，电烙铁与焊锡丝分别居于被焊元器件两侧	电烙铁 焊锡丝 焊盘 印制板 元器件引脚 导线 接线柱
加热焊件	烙铁头的尖端以 35°～55° 的角度接触被焊元器件，加热全体焊件，时间为 1～3s，使全体焊件均匀受热。 一般让烙铁头较大部分接触热容量较大的焊件，烙铁头侧面或边缘部分接触热容量较小的焊件，以保持焊件均匀受热，不要施加压力或随意拖动烙铁	
送入焊料	当被焊部位被加热到一定温度时，焊锡丝从烙铁对面接触焊件，熔化并润湿焊点。端头一般留出 2～5cm 的焊锡丝，借助中指往前推送。 送锡量一般为所焊焊孔体积的 90%～120%，以能全面润湿整个焊点为佳。若焊锡过多，内部可能掩盖着某种缺陷隐患，并且焊点的强度也不一定高；若焊锡太少，就会造成焊点不够饱满，焊接强度较低	
移开焊料	当焊锡丝熔化到一定量以后，迅速向左上 45° 方向移去焊锡丝	
移开烙铁	焊锡润湿焊盘和被焊元器件的施焊部位接近饱满之后，在助焊剂还未挥发完之前，向右上 45° 方向迅速移去烙铁，结束焊接。从移去焊锡丝到结束，时间是 1～2s	

对于热容量小的焊件，如印制电路板上较细导线的连接，可以将五步操作法中的加热焊件与送入焊锡丝合并为一步，移开焊锡丝与移开电烙铁合并为一步，概括为三步操作法。即：

焊接准备→加热被焊部位并熔化焊锡丝→撤离焊锡丝和电烙铁

但注意移去焊锡丝的时间不得滞后于移开电烙铁的时间。

5. 焊点的清理

焊接过程中，烙铁头上多余的残锡渣要甩到专用盛装锡渣、锡块的容器中，以免造成质量隐患或烫伤人体。

焊接完成后，将印制电路板侧立，用剪刀剪去引线多余的部分，并尽量使其落在地板上或专用的废品箱里，避免剪掉的引线到处飞溅而造成质量隐患或射伤人体，一般留下1.5～2mm为宜（不要求剪脚的元器件除外），并及时清除导线头等多余物。

焊点周围和印制电路板表面，存留的助焊剂残渣、油污、汗渍等，如不及时清洗，会出现焊点腐蚀，绝缘电阻下降，接触不良，甚至会发生电气短路等故障。所以焊点需进行100%的清洗，以提高产品的可靠性和使用寿命。

（1）清洗剂的要求与选择

使用能有效地完全除去（溶解）污物，对人体无害、不损伤元器件及标记、价格合理、工艺简便、性能稳定的清洗剂。一般选用工业用酒精或航空洗涤汽油等。

（2）清洗方法

用沾有清洁剂的泡沫塑料块或纱布逐步擦洗焊点；或将印制电路板焊点面浸没到装有清洁剂的容器里1～10min，再用毛刷轻轻刷洗。清洗时要戴防护胶手套、卫生口罩等。

6. 焊接技巧

（1）基本原则

无极性的元器件，一般按“先小件后大件、先低后高、从左到右、从上到下”的基本焊接原则进行操作，色环或颜色要排列整齐、有序、按类别高矮一致；有极性的元器件不要反插；芯线与元器件连接时，芯线不要散开而与其他元器件发生碰脚短路；对热敏元件或遇热易损元器件、导线的绝缘层等，焊接时要采取散热措施；边插装边焊接，先预焊固定位置，导线端头、大面积焊盘还要先上好焊锡，再进行正式焊接。

元器件的贴装焊接，一般采用小于0.5mm的焊锡丝，25W、30W以下的电烙铁。戴防静电手腕带，用防静电镊子夹持元器件，先在焊盘上加少量的焊锡溶化固定后再焊接。

元器件的插装焊接，一般采用0.5～0.8mm的焊锡丝，30W、40W、50W的电烙铁进行；导线的焊接，一般采用0.8～3.0mm的焊锡丝，大于30W小于70W的电烙铁进行。

（2）通孔元件的焊接

焊接通孔元件的方法如表6-6所示。

表6-6　通孔元件的焊接方法

步骤	预热	加焊锡	拿开焊锡
简介	烙铁头与元件引脚、焊盘接触进行预热	焊锡丝加到焊盘上，待焊盘温度上升，焊锡就会自动熔化	加适量的焊锡后，拿开焊锡丝
图示			

续表

步骤	焊后加热	冷却	
简介	继续加热使焊锡完成润湿和扩散，直到焊点最明亮再拿开烙铁	不要移动元件，待焊点自然冷却	
图示			

(3) 特殊元器件的焊接

所谓特殊元器件是指那些在焊接时必须特别对待才能焊接好的元器件，它们一般都比较脆弱、不耐温；或者是尺寸极小，不便于操作，焊接方法如表6-7所示。

表6-7 特殊元器件的焊接

元器件	焊 接 方 法
发光二极管	在一般印制电路板上焊接发光二极管，加热时间过长就会损坏管芯。焊接前一定要处理好焊点，焊接时强调一个"快"字，一般不要超过10s。并用钳子或镊子夹持管脚辅助散热，防止烫坏管子
瓷介电容器	引线直接焊在电容器极片上的片状与管状瓷介电容器，焊接温度过高，引线极易脱落。焊接时，不要使烙铁头接近电容器引线的根部，也可用平嘴钳或尖嘴钳夹住引线来帮助散热
小型中频变压器	小型中频变压器的金属罩内是塑料骨架，引出线间距离近、较集中，压铸在胶木体上，内部线圈焊接在引线的一端，而引线的另一端要直接焊接在印制电路板的相应焊盘上。焊接时若焊接点过热，就可能使内部线圈与引出线脱焊，金属罩内部塑料骨架变形。所以，焊接时一定要严格掌握焊接时间和温度
微型拨动开关	微型拨动开关触点引出脚非常短小，里面的可动触头的塑料件极易受热变形。焊接时，须采用功率不大但温度偏高的电烙铁，用较大活性焊剂芯的细焊锡丝，在1s以内完成焊接。焊完后立即帮助散热，每焊好一个引脚，要等一段时间，再焊第二个引脚

(4) 集成电路的焊接

集成电路价格高，内部电路密集，要防止过热损坏，一般温度应控制在200℃以下，使用不高于150℃的低熔点助焊剂。

集成电路的焊接有将集成电路直接与印制板焊接，或在印制电路板上焊接专用IC插座后，再将集成电路直接插入IC插座上两种方式。焊接插座时，必须按集成电路的引线排列图焊好每个焊点。

(5) 导线的焊接

导线与接线端子的连接一般有绕焊、钩焊和搭焊三种方式，如图6-10所示。

① 绕焊。绕焊是把经过上锡的导线断头卷绕在接线端子上，用钳子拉紧缠牢后进行焊接。导线紧贴端子表面，其绝缘层与接触端子一般要留1～3mm的间距。绕焊适用于实心

接线端子，是可靠性最好的连接方式。

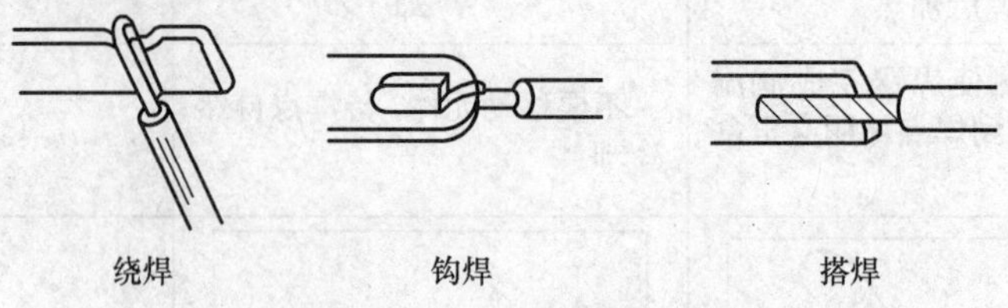

图 6-10 导线与接线端子的连接

② 钩焊。钩焊是将导线端子弯成钩形，钩在接线端子上并用钳子夹紧后的焊接。端头处理与绕焊相同，强度低于绕焊，但操作简便。

③ 搭焊。搭焊是把经过上锡的导线搭到接线端子上再进行的焊接。其连接最方便，但强度可靠性最差，仅用于临时连接或不能用绕焊和钩焊的场合。

导线之间的连接以绕焊为主。穿上合适的套管，在端头去掉一定长度的绝缘皮后镀上锡，再绞合并焊接，趁热套上套管，如图 6-11 所示。

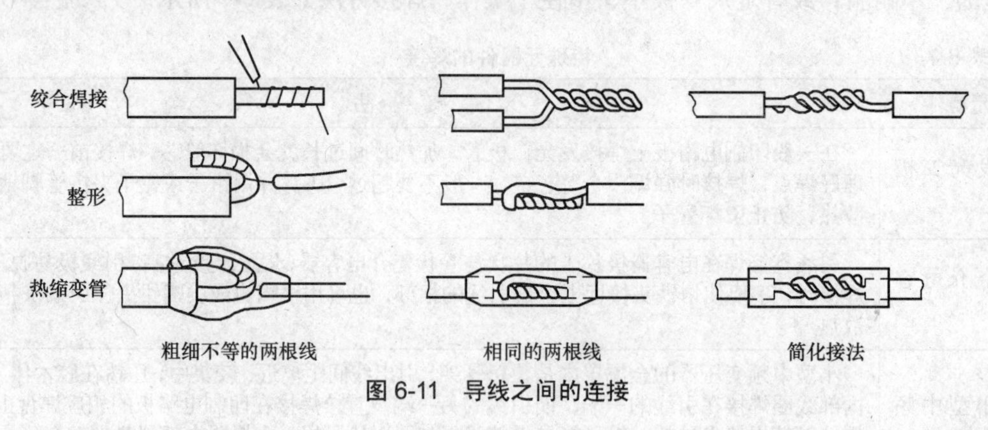

图 6-11 导线之间的连接

7. 焊点的检查

为保证焊接质量，一般在焊接后都要进行焊点质量检查，根据出现的缺陷及时纠正。

(1) 合格焊点的外观及特性

一个合格焊点的外观如图 6-12 所示，其外型以焊接元器件的引线（或导线）为中心，均匀、对称呈裙形拉开，金属表面光亮、平滑，焊料的连接面呈半弓形凹面，与焊件交界处平滑、无裂纹、无针孔、无焊剂残留物等，其中裙状的高度大约是焊盘半径的 1～1.2 倍；外观光洁整齐，具有良好的导电性、足够的机械性能。

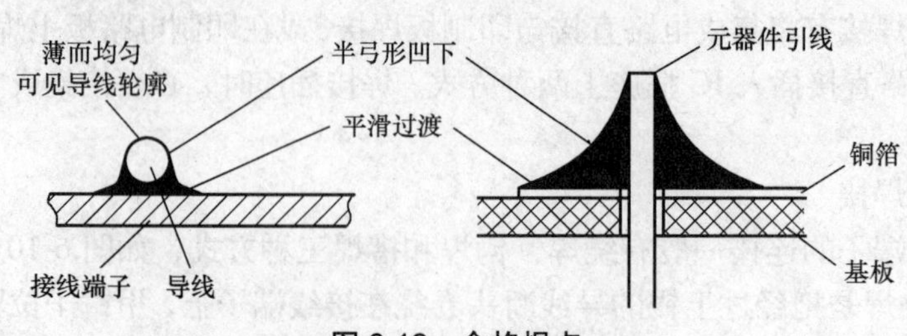

图 6-12 合格焊点

(2) 焊点质量的检查方法

检验焊点质量有多种方法，比较先进的方法是用仪器进行。通常则采用观察法和重焊法来检验，如表 6-8 所示。

表 6-8 检查焊点质量的方法

类型	简介
观察法	观察就是从焊点的外观上检查焊接质量，也可以借助 3～10 倍的放大镜进行目检。在观察检查中发现有可疑现象时，可用镊子轻轻拨动焊接部位进行检查，并确认其质量。主要包括导线、元器件引线和焊盘与焊锡是否结合良好，有无虚焊现象；元器件引线和导线根部是否有机械损伤
重焊法	检验一个焊点虚实最可靠的方法就是重新焊一下，用满带松香焊剂、缺少焊锡的电烙铁重新熔融焊点，从旁边或下方撤走电烙铁，若有虚焊，其焊锡一定都会被强大的表面张力吸走，使虚焊暴露无余
通电检查法	通电检查必须是在直观检查及连接检查无误后才可进行的工作，也是检查电路性能的关键步骤。如果不经过严格的直观检查就通电检查，不仅困难较多，而且容易损坏设备仪器，造成安全事故。通电检查可以发现许多微小的缺陷，例如用目检观察不到的电路桥接、内部虚焊等

8. 拆焊技术

在装配、调试、维修过程中常常需要将已焊接的连线或元器件拆除，这个过程就是拆焊，又称解焊，它是焊接技术的一个重要内容。拆焊比焊接更为困难，更需有恰当的方法和工具。

(1) 拆焊原则

拆焊前，一定要弄清楚原焊接点的特点，不要轻易动手。

① 拆下来的元器件、导线、原焊接部位的结构件必须安然无恙。

② 元器件拆走后的印制电路板必须完好无损。

③ 对已判断为损坏的元器件，可先行将引线剪断，再行拆除，这样可减小其他损伤的可能性。

④ 在拆焊过程中，应该尽量避免拆除其他元器件或变动其他元器件的位置。若确实需要，则要做好复原工作。

(2) 拆焊要点

① 严格控制加热的温度和时间。拆焊的加热时间和温度较焊接时间要长、要高，所以要严格控制温度和加热时间。以免元器件烫坏或引起印制电路板焊盘翘起、铜箔脱落、铜箔断裂，给继续装配带来麻烦。宜采取间断加热的办法进行拆焊。

② 把握好拆焊的力度。塑料密封器件、陶瓷器件、玻璃端子等在高温状态下，强度都有所降低。拆焊时过分用力拉、摇、扭都会损坏元器件和焊盘。

(3) 拆焊办法

通常电阻器、电容器、三极管等引脚不多，且每个引线可相对活动的元器件可用烙铁直接拆焊。把印制板竖起来夹住，一边用烙铁加热待拆元件的焊点，一边用镊子或尖嘴钳夹住元器件引线轻轻向外拉，如图 6-13 所示。

图 6-13　用镊子拉元器件引线

拆焊多个引脚的集成电路或多管脚元器件的方法如表 6-9 所示。

表 6-9　多引脚元器件的拆焊方法

类型	简　介	图　示
空心针头拆焊	选择合适的空心针头作为拆焊工具，拆焊时，一边用电烙铁熔化焊点，一边把针头套在被焊元器件的引脚上。在焊点熔化时，将针头边旋转边迅速插入板的孔内，使元器件的引脚与印制电路板的焊盘脱开，等焊锡凝固后拔出针头	
吸锡材料拆焊	选择与拆焊点宽度相宜的吸锡网线加上松香助焊剂，然后放在要拆焊的焊点上，并与焊锡接触良好；将热的电烙铁放在吸锡网线上，通过吸锡网线加热焊点；焊点上的焊锡熔化，被吸锡网线吸附；拿开电烙铁和吸锡网线，将吸满焊料的吸锡网线剪掉。重复几次就可将焊点上的焊锡全部吸走	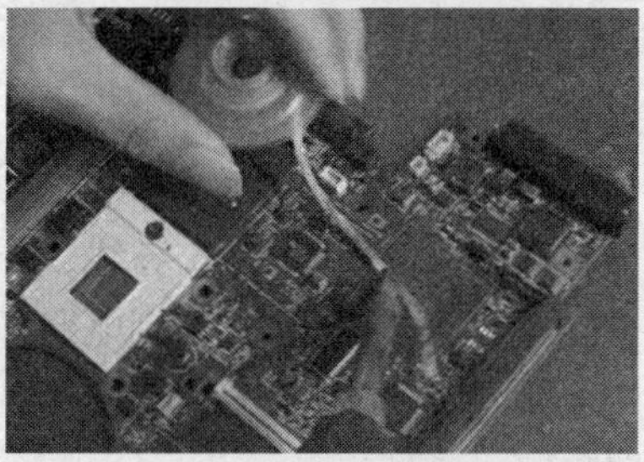
吸锡器拆焊	将被拆的焊点加热，使焊料熔化。把排气后的吸锡器的吸嘴对准熔化的焊料，然后放松吸锡器，焊料就被吸进吸锡器内，完成拆焊	
吸锡电烙铁拆焊	把烙铁头靠近焊点，待焊点溶化后按下按钮，即可把融化的焊锡吸入储锡盒内，从而完成拆焊。 吸锡烙铁既可以拆下待换的元器件，又可使焊孔不堵塞，而且不受元器件种类限制。但必须逐个焊点拆焊，效率不高	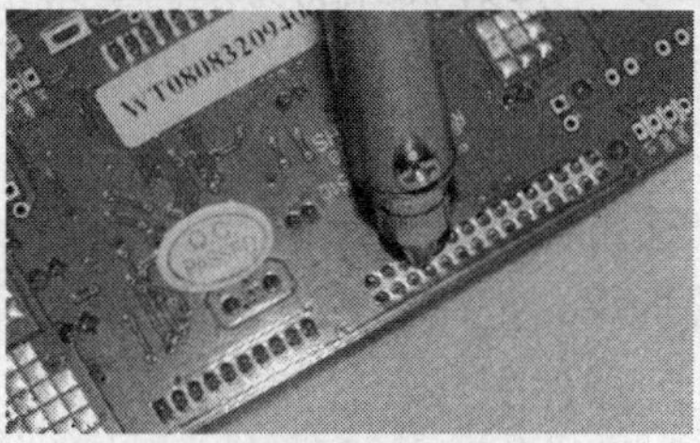

续表

类型	简　介	图　示
热风枪拆焊	热风枪可同时对所有焊点进行加热，待焊点熔化后取下元器件。对于表面安装元器件，用热风枪进行拆焊效果最好。其拆焊速度快，操作方便，不宜损伤元器件和印制电路板上的铜箔	

三、表面安装元器件

表面安装技术简称 SMT，是将表面贴装元器件贴、焊到印制电路板表面规定位置上的电路装联技术。

1. *表面安装元器件的特点*

表面安装元器件也称作贴片式元器件或片式元器件，其特点如下。

① 在片式元器件的电极上，焊端完全没有引线，或只有非常短小的引线；相邻电极之间的距离比传统的双列直插式集成电路的引线间距（2.54mm）小很多，有的仅为 0.3mm，其集成度有了极大的提高。

② 片式元器件直接贴装在印制电路板的表面，且电极与元器件在同一面。印制板上的通孔只起电路连通导线的作用，孔的直径仅决定于制作印制电路板时金属化孔的工艺水平，通孔的周围没有焊盘，使印制电路板的布线密度大大提高。

③ 有标准化的外型尺寸、结构与电极形状。

2. *无源元件*

无源元件包括片式电阻器、电容器、电感器、滤波器和陶瓷振荡器等，其基本外形有矩形、圆柱形和异形，如图 6-14 所示。

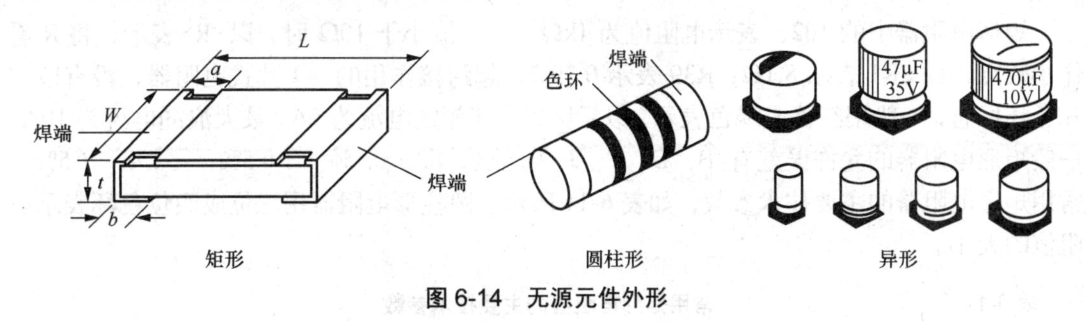

图 6-14　无源元件外形

矩形无源元件根据其外形尺寸的大小划分为几个系列型号，用公制或英制表示。型号的前两位数字表示元件的长度，后两位数字表示元件的宽度，如表 6-10 所示。品种则为型号加后缀，例如，3216C 是 3216 系列的电容器，2012R 是 2012 系列的电阻器。

表 6-10　　外形尺寸　　（单位：mm/mil）

型号＼外形	L	W	a	b	t
3216/1206	3.2/0.12	1.6/0.06	0.5/0.02	0.5/0.02	0.6/0.024
2012/0805	2.0/0.08	1.25/0.05	0.4/0.016	0.4/0.016	0.6/0.016
1608/0603	1.6/0.06	0.8/0.03	0.3/0.012	0.3/0.012	0.45/0.018
1005/0402	1.0/0.04	0.5/0.02	0.2/0.008	0.25/0.01	0.35/0.014
0603/0201	0.6/0.02	0.3/0.01	0.2/0.005	0.2/0.006	0.25/0.01

注：1mil=25.4mm

3216、2012 系列无源元件的标称数值一般直接标于元件的其中一面，黑底白字。通常用三位数表示，前两位数字表示阻值的有效数，第三位表示倍率（精密电阻器的标称数值用四位数字表示）。1608、1005、0603 系列无源元件的表面积太小，难以用手工焊接，所以元件表面没有标称数值（标在纸编带的盘上），使用中务必仔细。

（1）电阻器

① 单个电阻器。片式电阻器按制造工艺有厚膜型和薄膜型两大类，按封装外型有矩形和圆柱形两种，如图 6-15 所示。

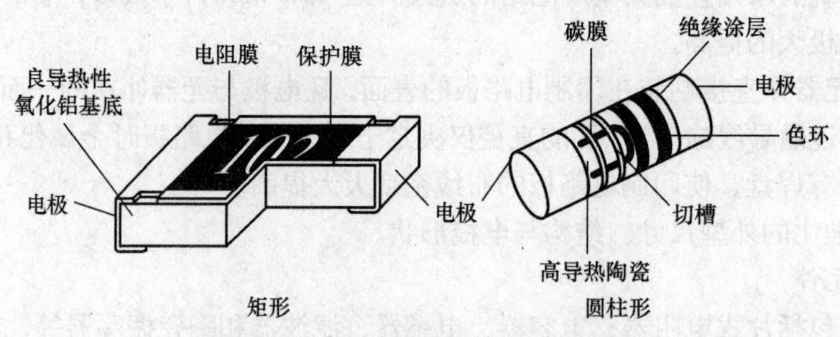

图 6-15　表面安装电阻器结构示意图

矩形电阻器上的 102，表示电阻值为 1kΩ；当阻值小于 10Ω 时，以×R×表示，将 R 看作小数点，如 8R1 表示 8.1Ω；R39 表示 0.39Ω。起跨接作用的 0Ω 片式电阻器，没有数字和色环标志，一般用红色或绿色表示，以示区别，其额定电流为 2A，最大浪涌电流为 10A。一般矩形电阻器的允许误差有 B、D、F、J 等四级，即±0.1%、±0.5%、±1%、±5%。常用矩形电阻器的主要技术参数，如表 6-11 所示。圆柱形电阻器用三位或四位色环表示电阻值的大小。

表 6-11　　常用矩形电阻器的主要技术参数

技术参数＼型号	3216	2012	1608	1005
阻值范围（Ω）	0.39～10M	2.2～10M	1～10M	10～10M
允许偏差（%）	±1、±2、±5	±1、±2、±5	±2、±5	±2、±5

续表

技术参数 \ 型号	3216	2012	1608	1005
额定功率（W）	1/4、1/8	1/10	1/16	1/20
最大工作电压（V）	200	150	50	50
工作温度范围/额定温度（℃）	−55～125/70	55～125/70	−55～125/70	−55～125/70

② 电位器。片式电位器体积小，一般为4mm×4.5mm×2.5mm；重量轻，仅0.1～0.2克；阻值范围大，有10Ω～2MΩ；高频特性好，使用频率可超过100MHz；额定功率一般有1/20W、1/10W、1/8W、1/5W、1/4W和1/2W六种，适用于小型电子装置。

③ 电阻网络。电阻网络最常用的外形有8、14和16根引脚，0.150英寸宽SOP封装；16和20根引脚，0.295英寸宽SOL封装及14和16根引脚，0.220英寸宽SOMC封装。

（2）电容器

片式电容器主要为陶瓷独石结构，容量范围在1～4700pF，耐压从25V～2kV不等。其外形代码、容量标法与片式电阻器相同，如电容器上的103，表示电容量为10000pF；大多数小容量电容器的表面不标参数，贴装时无朝向性，购买或维修时要特别注意，如图6-16所示。

① 多层陶瓷电容器。多层陶瓷电容器的基础是单层盘状电容器，它的电极深入电容器内部，并与陶瓷介质相互交错，两端露在外面，并与焊端相连，如图6-17所示；所用介质有COG、X7R和Z5U三种；其电容量与尺寸、介质的关系如表6-12所示；其可靠性很高，主要用于汽车工业、军事和航天产品。

图6-16 一般片式电容器

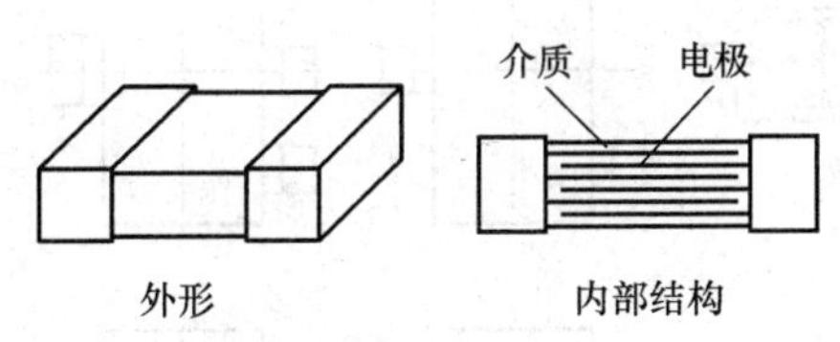

图6-17 多层陶瓷电容器

表6-12 电容量范围

型 号	COG	X7R	Z5U
0805C	10～560pF	120pF～0.012μF	
1206C	680～1500pF	0.016～0.033μF	0.033～0.10μF
1812C	1800～5600pF	0.039～0.12μF	0.12～0.47μF

② 钽电容器。片式钽电容器以金属钽作为电容器介质，外型都是矩形，如图6-18所示，具有可靠性高、体积效率高等特点。按两头的焊端不同，有非模压式和塑模式两种。非模压式的尺寸范围为长2.54～7.239mm，宽1.27～3.81mm，高1.27～2.794mm；电容量

范围为 0.1～100μF；直流耐压范围为 4～25V。

图 6-18　钽电容器

（3）电感器

片式电感器与其他片式元器件一样，是适用于表面安装技术的无引线或短引线微型电子元件，它的引出端焊接面在同一平面上，主要有绕线型、叠层型、编织型和薄膜片式等 4 种类型。常用片式电感器如表 6-13 所示。

表 6-13　常用片式电感器

常用封装	英制代号	0805	1008	1206	1210	1812
	公制代号	2012	2520	3216	3225	4532
	模压电感器		绕线型电感器		功率电感器	
图示						

3. 有源器件

有源器件包括二极管、三极管、场效应管及由它们组成的简单复合电路的各种分立半导体器件。

（1）外形

典型有源分立器件的外形如图 6-19 所示，电极引脚数为 2～6 个。

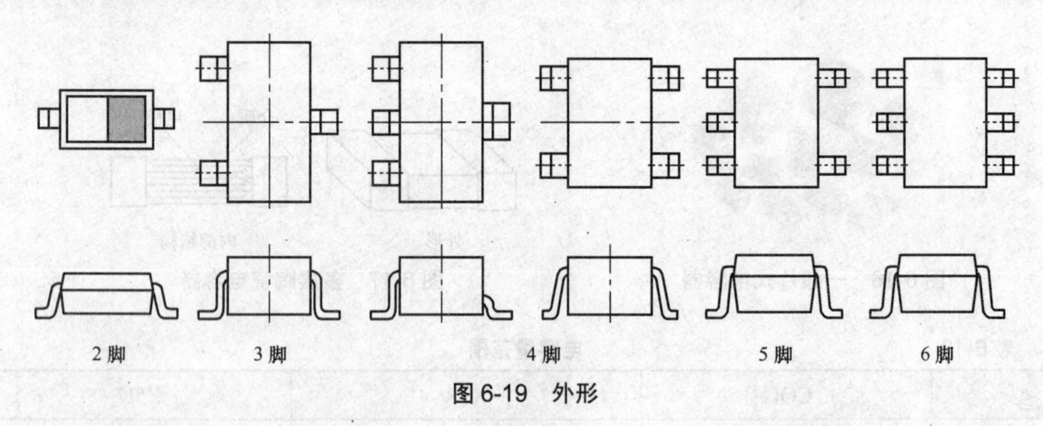

图 6-19　外形

二极管类器件一般采用二端或三端有源器件封装，小功率三极管类器件一般采用三端或四端有源器件封装，四端至六端有源器件内大多封装了两只三极管或场效应管。

（2）二极管

二极管有无引线柱形玻璃封装和塑封两种。前者是将管芯封装在细玻璃管内，两端以金属帽为电极，功耗一般为 0.5～1W，通常用于稳压、开关作用；后者是用塑料封装管芯，有两根翼形短引线，一般做成矩形片状，额定电流为 150mA～1A，耐压为 50～400V。

（3）三极管

三极管采用带有翼形短引线的塑料封装（SOT），有 SOT23、SOT89、SOT143 几种尺寸结构，有小功率管、大功率管、场效应管和高频管几个系列，小功率管额定功率为 100～300mW，电流为 10～700mA；大功率管额定功率为 300mW～2W，两条连在一起的引脚是集电极。各种产品的电极引出方式不同，在选用时必须查阅资料。

（4）集成电路

集成电路包括各种集成数字电路和模拟电路，常用片式集成电路的封装及特点，如表 6-14 所示。

表 6-14　常用片式集成电路的封装及特点

封装形式	SO		
	SOP	TSOP	SOL
简介	芯片宽度小于 0.15mil，引脚数少于 18	芯片宽度小于 0.15 mil，引脚数少于 18，采用薄形封装	芯片宽度为 0.25mil，引脚数为 20～44 及以上
图示	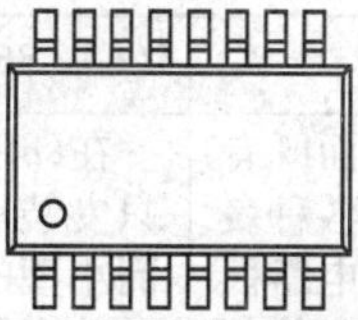	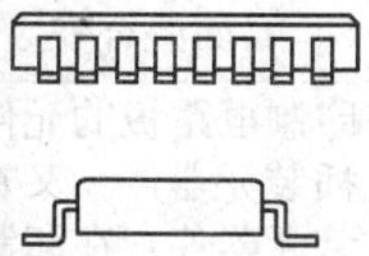	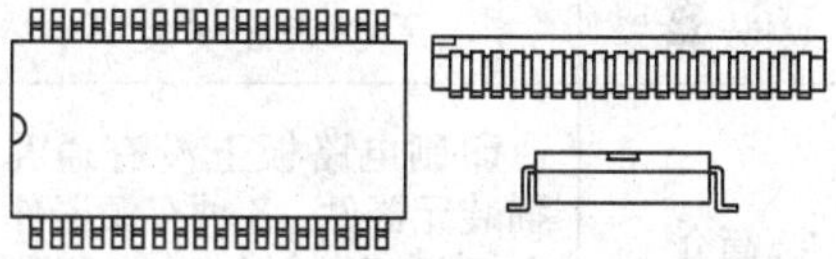
特点及应用	两边有脚，脚向外张开（翼形引脚），其间距有 1.27mm、1.0mm、0.8mm、0.65mm 和 0.5mm，适用于引线比较少的小规模集成电路		

封装形式	QFP	PLCC	LCCC	BGA
简介	扁平封装，四边有向外张开的翼形引脚，引脚数为 20～300，间距为 0.4～1.27mm。 薄形封装的厚度为 1.0mm 或 0.5mm	四边有钩型引脚，引脚数为 16～84，间距为 1.27mm，芯片可以直接焊接在印制电路板上，或安装在专用的插座上	扁平陶瓷封装，四边无引线，电极焊端排列在封装底面的四边，数目为 18～156，间距为 1.27mm	表面无脚，其电极成球型矩阵排列于元件底部，焊球间距有 0.8mm、0.65mm、0.5mm、0.4mm 和 0.3mm；I/O 端子数为 72～736
图示	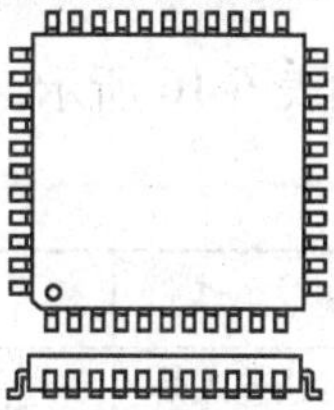	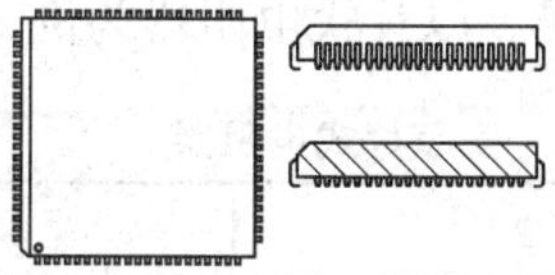	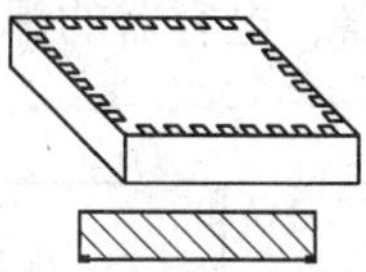	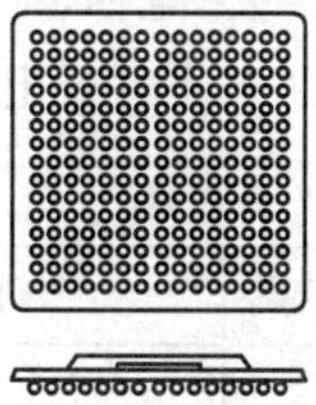
特点及应用	适用于大规模集成电路	适用于可编程的存储器	适用于高速、高频集成电路	适用于电脑的 CPU，手机的中央处理器

4. 使用注意事项

（1）表面安装元器件存放的环境条件

① 库存温度＜40℃，生产现场温度＜30℃，环境湿度＜RH60%。

② 库存及使用环境中不得有影响焊接性能的硫、氯、酸等有毒气体。

③ 防静电措施要满足表面安装元器件对防静电的要求。

④ 元器件的存放周期从元器件生产日期算起不超过两年，整机库存时间不超过一年，自然环境比较潮湿的存放时间不超过三个月。

（2）防潮

对有防潮要求的有源器件，开封后 72 小时内必须用完，最长不超过一周；否则，要存放在 RH20%的干燥箱内；已受潮的要按规定进行去潮烘干处理。

（3）防静电

在运输、分料、检验或手工安装时，操作人员要佩带防静电手腕带，用吸笔拿取有源器件，并特别注意避免碰伤器件的引脚。

四、表面安装元器件的锡焊技术

1．安装结构

表面安装元器件的安装结构如表 6-15 所示。

表 6-15　安装结构

安装方式	全部表面安装	双面混合安装	两面分别安装
简介	印制电路板上没有通孔插装元器件，各种有源器件和无源元件被贴装在印制电路板的一面或两侧	在印制电路板的元件面既有通孔插装元器件，又有各种表面安装元器件；在印制电路板的焊接面只装配体积较小的晶体管和无源元件	在印制电路板的元件面只安装通孔插装元器件，而小型的表面安装元器件贴装在印制电路板的焊接面上
图示	SMD SMD SMD	SMD THD SMD	THD SMD
特点	工艺简单，组装密度高，电路轻薄，但不适应大功率电路的安装	印制电路板的成本低，组装密度高，适应各种电路的安装，但焊接工艺上略显复杂，要求先贴后插	

2．电阻器、电容器的焊接

关于片式电阻器、电容器的焊接，以片式电阻器为例，如表 6-16 所示。

表 6-16　安装片式电阻器

步骤	1	2	3	4
任务	给一个焊盘上锡	用镊子夹持电阻器靠近焊盘，用烙铁熔化焊锡	将电阻器一端送入焊点，烙铁移开，冷却后镊子离开	补上另一个焊盘的焊锡
图示	R102	R102	R102	R102

续表

步骤	1	2	3	4
说明	电烙铁功率不大于 20W，烙铁尖顶部宽度不大于 1mm；用 0.5mm 的焊锡丝。焊第一个焊点时要对准焊盘位置			

3. 多脚表面安装元器件的焊接

多脚表面安装元器件的焊接如表 6-17 所示。

表 6-17　安装片式多脚元器件

步骤	1	2	3	4
任务	给一个焊盘上锡	把元器件对齐焊接	再焊接斜对角的一个引脚	其他引脚上锡
图示		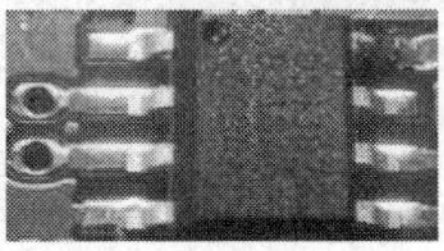		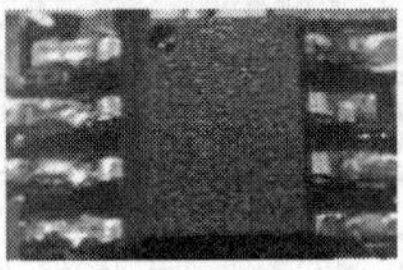
说明	① 用尖嘴电烙铁； ② 用 0.3mm 带松香焊锡丝			

4. QFP 器件的手工焊接

QFP 器件的手工焊接如表 6-18 所示。

表 6-18　QFP 器件的手工焊接

步骤	1	2	3
简介	清洁的 PCB 焊盘	用 PCB 夹持器将电路板固定，记下位置和方位	用镊子安全地将 QFP 器件放到 PCB 上
图示		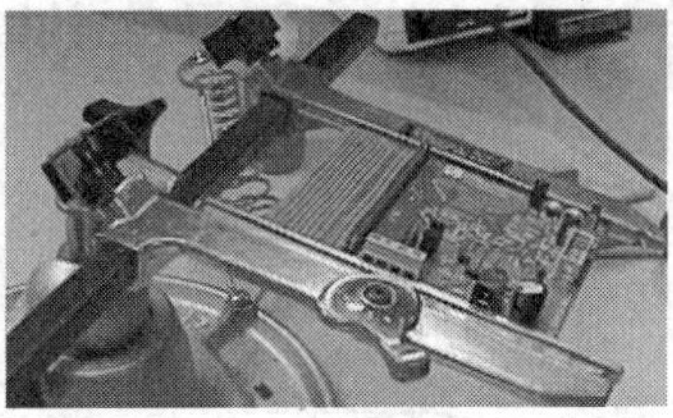	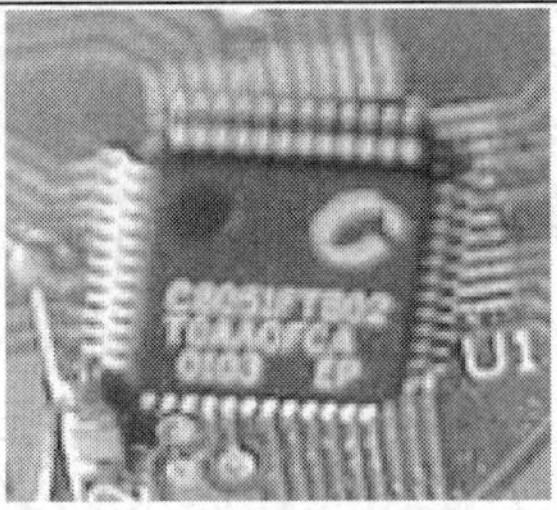
步骤	4	5	6
简介	正确与焊盘引脚 1 的方向对齐	用一带尖的工具向下按住已对准位置的 QFP 器件	将焊台温度调到 385℃，用烙铁尖沾上少量的焊锡将 QFP 器件对角位置的引脚焊接固定
图示			

续表

步骤	7	8	9
简介	将所有引脚涂上助焊剂，在烙铁尖加上焊锡去焊接每个引脚的末端，保持烙铁尖与被焊引脚平行，防止搭接	焊完后，用助焊剂润湿所有引脚，再吸掉多余的焊锡，消除任何短路或搭接	将硬毛刷浸入酒精后，沿引脚方向轻轻擦拭，清除 PCB 上的助焊剂
图示			
步骤	10	11	
简介	清洁而明亮的电路	用立体变焦检查台（7×～40×）放大，帮助检查焊接质量，如有必要重焊引脚	
图示			

第二部分　项目实训

一、用铁丝或铜丝焊制几何模型

用铁丝或铜丝焊制图 6-20 所示几何模型。

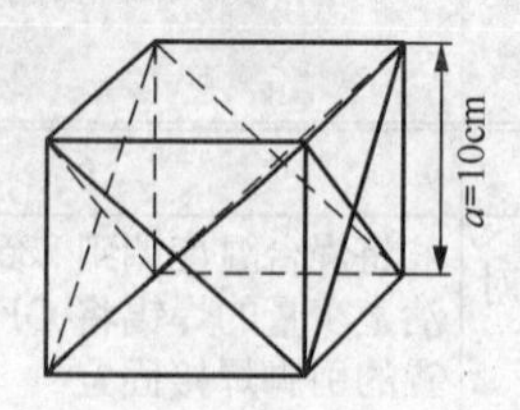

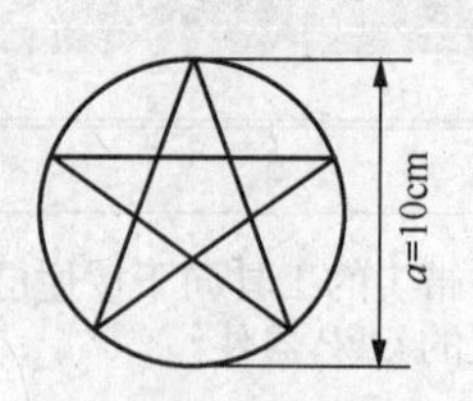

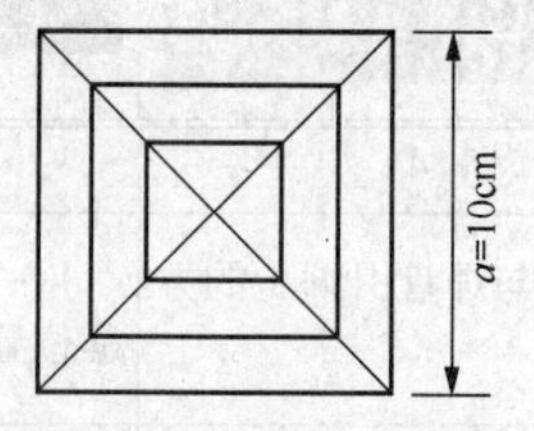

图 6-20　几何模型

操作要求如下：

① 使用标准的五步焊接法；

② 焊接可靠，不能有虚焊和假焊现象；

③ 焊点光滑，无毛刺现象；

④ 焊点一致性好，大小均匀，形状和锡量合适。

二、拆焊练习

利用废旧电路板进行拆焊练习，并将结果填入表 6-19 中。

表 6-19　拆焊练习

训练种类	焊接元器件的材料	拆焊工具	焊点数	是否损伤铜箔或元器件	质量检查
无源元件					
有源器件					
集成电路					

三、焊接表面安装元器件练习

根据表 6-20 中介绍，做表面安装元器件的焊接练习。

表 6-20　表面安装元器件的焊接练习

步骤	1	2	3
简介	选好 PCB	选好焊接工具	选好焊接元器件
图示	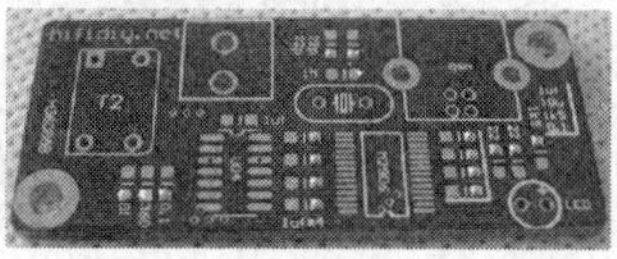	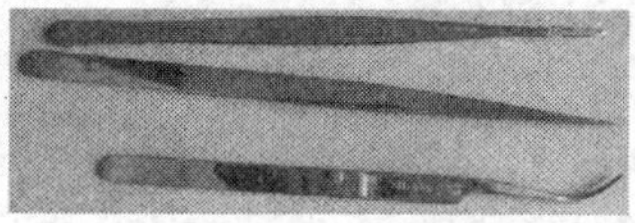	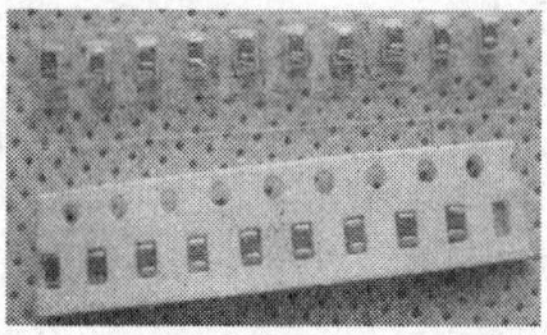
步骤	4	5	6
简介	用烙铁加热焊点	夹个元件立即贴上	等元件固定后，再焊接另一边
图示	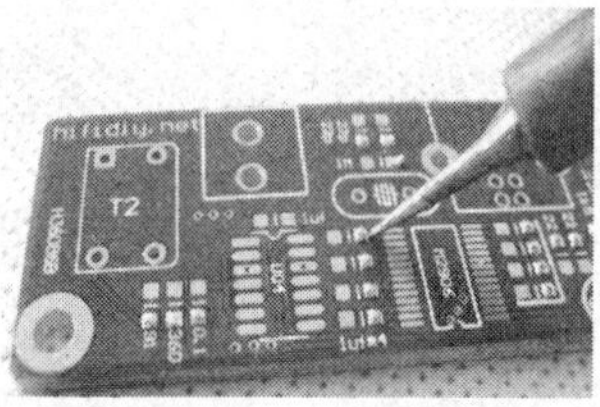		
步骤	7	8	9
简介	焊接集成电路	按手工焊接集成电路的方法焊接	用浸有松香的铜丝吸锡
图示			

续表

步骤	10	11	
简介	用棉签浸酒精清洗	清洗干净的电路板	
图示			

项目七　电路图及说明书的识读

学习目标

学习目标		学习方式	学时
知识目标	① 了解电子技术文件、电子电路图的分类； ② 了解产品说明书或用户手册的作用与一般构成	教师讲授	3课时
技能目标	① 能利用电子元器件电路符号所包涵的信息看懂电路原理图； ② 学会识读电路原理图、印制电路图的方法； ③ 掌握识读产品说明书或用户手册的方法	学生根据要求练习，教师指导、答疑。 重点：电路原理图、印制电路图的识读	

第一部分　项目相关知识

一、电子技术文件简介

电子技术文件是根据国家标准制定出的“工程语言”，是电子技术工作的重要依据。但由于工作性质和要求不同，形成了专业制造和普通应用两类不同的应用领域。在专业制造领域，技术文件具有完备性、规范性、权威性和一致性，必须执行统一的标准，实行严明的管理，带有生产法规的效力。而在学生电子设计、实验，业余电子科技活动，企业技术改造，单件、小批量作坊式的生产作业等普通应用领域，技术文件的完备性、规范性、权威性大打折扣，与专业制造领域的技术文件差别很大。

电子技术文件有设计文件和工艺文件两大类。

1. 设计文件

设计文件是在产品研制过程中逐步形成的文字、图样及技术资料。它规定了产品的组织形式、结构尺寸、工作原理以及在制造、验收、使用和维修时必需的技术数据和说明。也是制定工艺文件、组织生产和产品使用维修的依据。

设计文件按表达的形式有图样、略图及文字和表格三种；按形成的过程有试制文件和生产文件两种；按绘制过程和使用特征有草图、原图、底图、复印图、电子图等。常用的设计文件有电路图、技术条件、技术说明书、使用说明书及明细表等。

2. 工艺文件

工艺文件是根据设计文件，结合企业生产大纲、生产设备、生产布局和员工技能等实际情况制定的指导工人操作和用于生产、工艺管理等的技术文件。它是企业进行生产准备、原材料供应、计划管理、生产调度、劳动力调配、工模具管理、工艺管理、产品经济核算和质量控制的主要依据。

工艺文件有工艺管理文件和工艺规程两种。工艺管理文件是企业组织生产和控制工艺工作的技术文件，工艺规程是规定产品或零件制造工艺过程和操作方法的工艺文件。每个产品都有配套的工艺文件，它随产品的复杂程度和生产特点不同而不同，常用的工艺文件包括文件封面、明细表、工艺流程图、导线及线扎加工表、装配工艺过程卡、工艺说明、外协件明细表、材料消耗工艺定额明细表和检验卡等内容。

二、电路原理图的识读

电子电路图是一种设计类技术文件，它可以帮助我们尽快弄清设备的工作原理，熟悉设备的结构，了解各种元器件、仪表的连接和安装。电子电路图一般有电路原理图、印制电路图、接线图和方框图等。

1. 电路原理图的意义

电路原理图是按国家标准规定的图形符号和文字符号绘制的表示设备电气工作原理的图样，包括整机电路原理图和单元电路原理图两种。电路原理图反映设备的电路结构、各元件或单元电路之间的相互关系和连接方式，用连线代替连接导线，用符号代替实际的元器件，并标出每个元件的基本参数和若干工作点的电压、电流数据。既是产品设计和性能分析的原始资料，也是绘制印制电路图和接线图的依据，同时还极大地方便了检测和更换元件、快速查找和检修电路故障。图 7-1 所示为 HX108 七管中波段袖珍收音机电路原理图。

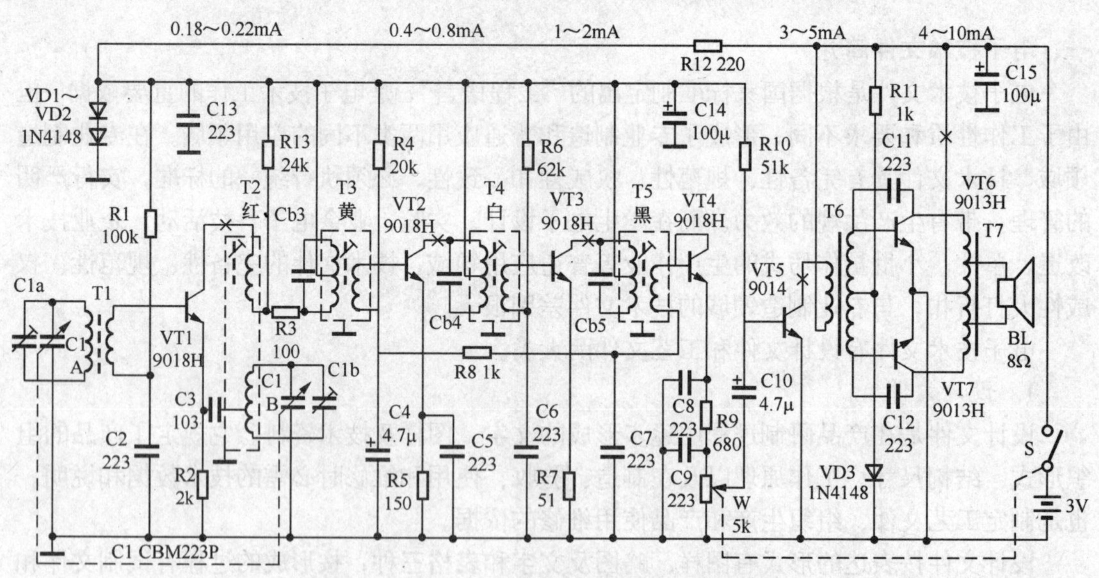

图 7-1　HX108 七管中波段袖珍收音机原理图

集成电路由于其内部电路十分复杂，直接画出内部电路结构较为困难。在绘制电路图时，往往将集成电路视为一个特殊的元件，使用方框图来说明其内部功能，此时电路原理图就由原来的实用电路图变成了实用电路图与方框图相结合的图形。图 7-2 所示为声、光控制延时开关电路原理图。

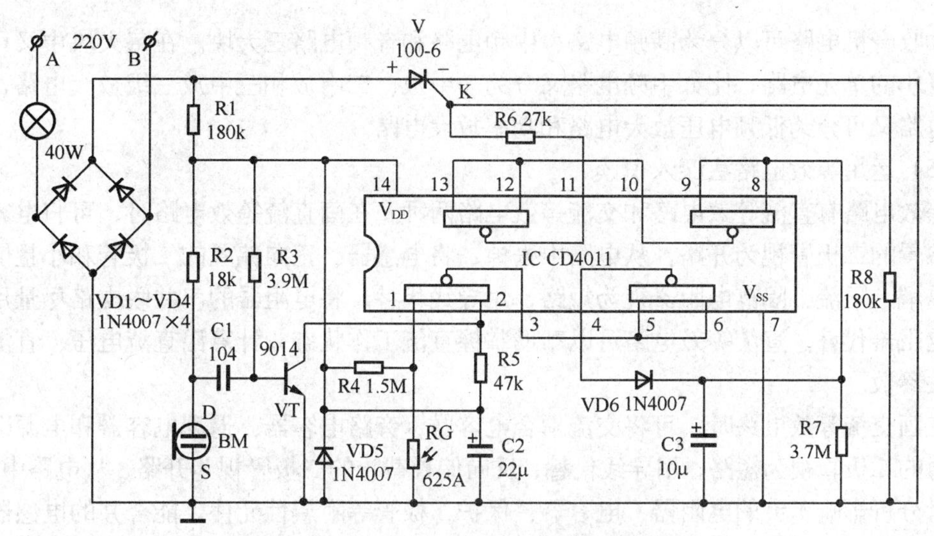

图 7-2 声、光控制延时开关电路原理图

2. 识读电路原理图的方法

任何一个电子电路都是由若干个基本环节和典型电路所组成，为了快速而正确地阅读电路原理图，应掌握基本的识读方法。

识读电路原理图应遵循从整体到局部、从输入到输出、化整为零的思路，用整机原理指导具体电路识读、用具体电路的识读诠释整机工作原理。

（1）清楚电路原理图的整体功能

电路原理图的整体功能可以从设备的名称来判断它的功能。比如红外无线耳机的功能是将音响设备的声音信号调制在红外线上发射出去，再由接收机接收解调后还原为声音信号，通过耳机播放；直流稳压电源的功能是将交流电变换成稳定的直流电输出。

（2）找出电路原理图的信号处理流程和方向

电路原理图一般按所处理信号的流程为顺序来绘制，通常是从左到右的方向，识读电路原理图也应按这一规律来进行。根据电路原理图的整体功能，找出整个电路原理图的总输入端和总输出端，即可判断出电路原理图的信号处理流程和方向。如收音机电路的输入是天线，一般画在电路原理图的左侧，而它的输出则是功率放大器与扬声器。

（3）分清主通道电路及其接口

较简单的电路原理图一般只有一个信号通道，而较复杂的电路原理图往往有几个信号通道。主通道的单元电路实现整机电路的基本功能，辅助通道的电路用以提高基本电路的性能或增加辅助功能。所以识读时应分清主通道各单元电路、辅助通道电路及它们之间的接口关系。

（4）瞄准核心元件，简化单元电路

在深入识读电路的工作原理时，还必须将复杂的电路图分解为具有一定功能的单元电路。我们可以按信号处理流程和方向，以核心元器件为标志，将电路原理图分解为若干个单元电路，然后详细识读各个单元电路的工作原理。在模拟电路中各个单元电路的核心元器件是晶体管和集成电路等；在数字电路中单元电路的核心元器件则是微处理器。

如收音机电路可以分为高频电路、中频电路和音频电路三大块。在每大块中又可分为若干更小的单元电路，比如中频电路又分为一中放、二中放和三中放三级放大电路，音频放大电路又可分为低频电压放大电路和功率放大电路。

（5）运用等效电路法深入识读

等效电路有直流等效电路和交流等效电路两种。在画直流等效电路时，可将电容器和反向偏置的二极管视为开路，从电路中去掉；将电感器、正向偏置的二极管和小量值的滤波、退耦、限流、隔离电阻器视为短路，用导线代替。将电阻器的串并联支路尽量用一个等效电阻器代替。直流等效电路可以帮助掌握直流工作状态，计算出直流电压、直流电流等相关参数。

在画交流等效电路时，可将交流耦合电容器、旁路电容器、退耦电容器和电源以及正向导通的二极管视为短路，用导线代替；反向偏置截止的二极管视为开路，从电路中去掉。省略对分析影响不大的电阻器、电容器、保护二极管等附属性元件，能合并的电感器、电容器用等效元件代替。交流等效电路可以帮助分析电路的某些动态特性。

如想知道本机振荡电路属于哪种类型的电路，可以将其滤波、退耦电路删去，并将某些阻容元件进行合并，这样就可以得到振荡电路的“骨干”，将此“骨干”型式与振荡电路的标准型式相比较就可知道振荡电路的类型。或在晶体管、集成电路为核心的“骨干”型式的基础上增加一些电阻器、电容器和电感器，以了解单元电路之间的关系。

因各个电路系统的复杂程度、组成结构、采用的器件集成度各不相同，所以上述识读方法不是惟一的，识读时可根据具体情况灵活运用。

识读电子电路图的方法可总结为：化整为零，找出通路，跟踪信号，分析功能。

3. 识读单元电路

在识读单元电路时，要熟悉和牢记各种元器件电路符号、单元电路的结构和具体任务，明确输入、输出信号的波形、幅度、频率或电压等方面的变化。对分立元件电路要清楚各元器件在本电路中的作用；对集成电路要掌握其功能、信号变换规律。

（1）电路符号所包含的信息

几种常见电子元器件电路符号所包含的信息举例如表 7-1 所示。

表 7-1 常见电子元器件电路符号所包含的信息

电路符号	信息		
	元器件名称	表示字母	其他
R	电阻器	R	两根引脚，不分正、负极性
RP	可变电阻器	RP	① 三根引脚； ② 箭头表示电阻器的阻值可变
C	无极性普通电容器	C	两根引脚，不分正、负极性

续表

电路符号	信息		
	元器件名称	表示字母	其他
C	电解电容器	C	两根引脚，分正、负极性
T	变压器	T	（1）初级线圈和次级线圈结构； （2）铁芯； （3）输入、输出各一组接线抽头
VD 正极引脚 负极引脚	二极管	VD	（1）两根引脚，分正、负极性； （2）三角形表示流过二极管的电流方向
集电极 C VT 发射极 E 基极 B	三极管	VT	（1）三根引脚； （2）集电极用 C 表示，基极用 B 表示，发射极用 E 表示，通常符号中并不标注出来； （3）箭头方向表示电流方向
S_{1-1} 静触点 1（引脚） 引脚 静触点 2（引脚） 静触点 3（引脚） S_{1-2} 另一组开关，受同一个操纵柄控制	双刀三掷开关	S	（1）S_{1-1}、S_{1-2} 分别表示开关的两组刀； （2）虚线表示操作开关柄时，两组刀同步转换
说明	① 电路符号中的字母是该元器件英语单词的第一个字母，如变压器用 T 表示，它是英语 Transformer 的第一个字母； ② 一些元器件的电路符号还能表示该元器件的结构和特性，如电容器的电路符号； ③ 在整机电路图中会出现这样几种表示方式：R1、R2、R3（其他元器件也这样）等，其中的 1、2、3 等是电路中这组电阻器的编号，一般是从左向右、从上向下连续编号，根据编号大小可以大致判断元器件在整机电路图中的位置；另外，1R1、1R2、2R1、2R2 等标注，R 前面的编号表示整机电路中不同系统电路内的电阻器，1R1、1R2 等表示是同一系统电路中的电阻器，2R1、2R2 等表示是另一个系统电路中的电阻器，同一个系统内的元器件在整机电路图中相对集中		

（2）电路原理图识读举例

图 7-3 所示为一个 OCL 准互补对称功率放大电路，它是高保真功率放大器的典型电路。

VT1、VT2 和 VT3 组成单端输入、单端输出共射组态恒流源式差动放大电路构成输入级，从 VT1 的集电极处取出输出信号加至中间级。VT4、VT5 组成共射组态放大电路构成中间级，VT5 为恒流源，是 VT4 的有源负载。VT7、VT8、VT9、VT10 组成准互补对称电路构成输出级，VT7、VT9 组成 NPN 型复合管，VT8、VT10 组成 PNP 型复合管，电阻器

RE7、RE8、RE9、RE10 起改善温度特性的作用。VT6、RE4、RE5 组成倍压电路，为输出级提供所需的静态工作点，以消除交越失真。R1、VD1、VD2、VT3、VT5 组成恒流源电路，R1、VD1、VD2 提供基准电流。Rf、C1、RB2 构成交流串联电压负反馈，改善整个放大电路的性能。熔丝 FU 用来保护功率管，使它们在输出短路时不至于烧毁。

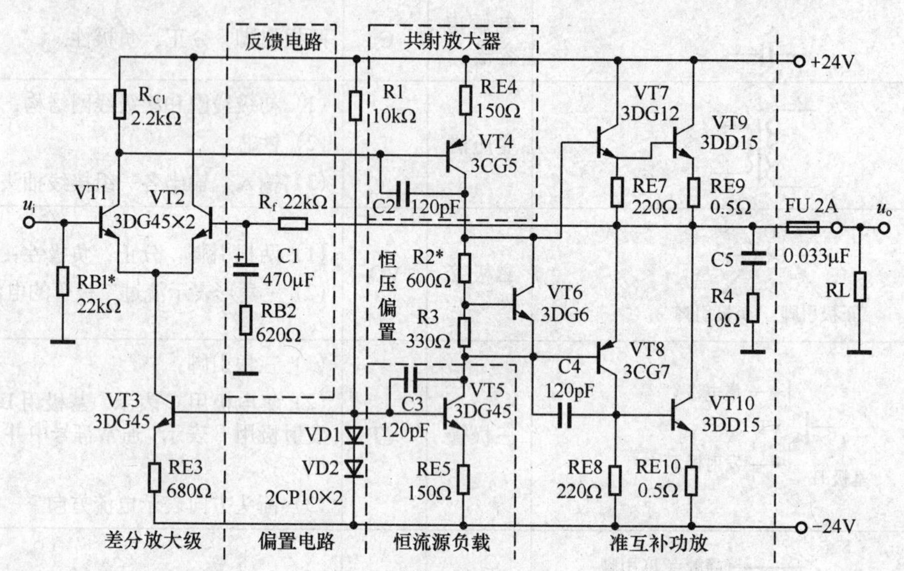

图 7-3 高保真扩音机准互补对称（OCL）电路

三、印制电路图的识读

印制电路图又叫印制电路板图，或印刷电路图，也称装配图。它是用来表示电路原理图中各元器件、零部件、整件在印制电路板上的分布状况，具体的位置和各元器件引脚之间连线的走向，以及它们之间连接关系的图样。印制电路图把实际元器件的符号画到该元器件应在的位置处，并用圆圈表示元器件插脚的接线孔，用印制电路板上的铜箔条代替连接导线，且其走向、位置、形状都和实际的一样。

1. 印制电路图的两种表示方式

(1) 图纸表示方式

用一张图纸（印制电路图）按实际大小绘出，并在相应位置上画出各元器件的分布和它们之间的连接情况。如 HX108 七管中波段袖珍收音机印制电路图，如图 7-4 所示。

(2) 直标方式

将安装元器件的板面作为正面，画出元器件的图形符号及位置，指导装配焊接，如图 7-5 所示。图中各种元器件的电路编号直接标注在电路板上，如电阻器附近标出的 R2 就是该电阻器在电路原理图中的编号，主要用于指导装配焊接，但图中没画出印制导线。

不管哪种类型的印制电路图，对初学者来说，都会感到有一定困难。因为印制电路在设计时考虑了前后级间的干扰、接地位置、元器件的大小、开关与接插件的安排，以及整机配套安装的合理布局等一系列工艺问题，所以印制电路图不一定像电路原理图那样按信号流程的一个方向排列，没有什么明显规律。

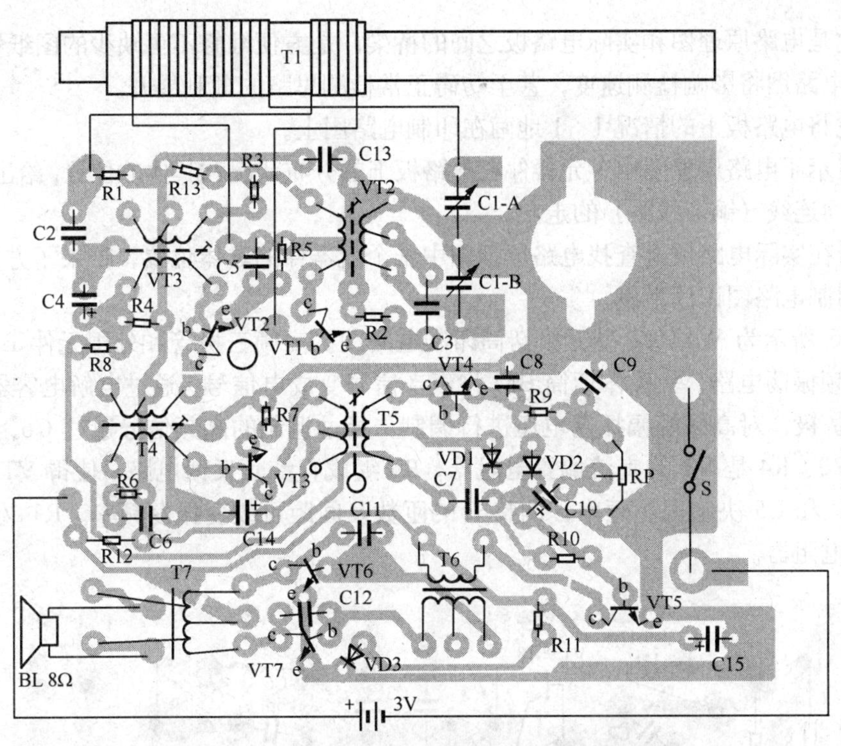

图 7-4　HX108 七管中波段袖珍收音机印制电路图

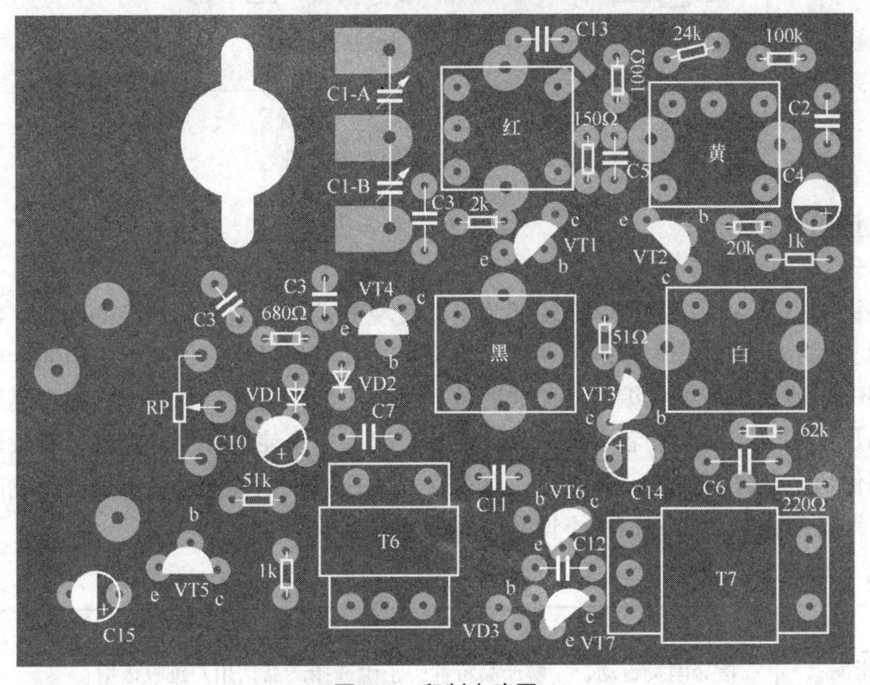

图 7-5　印制电路图

2. 印制电路图的主要功能

印制电路图与各种电路图有着本质上的不同，它的主要功能如下。

① 它是电路原理图和实际电路板之间的桥梁，是方便维修不可缺少的图纸资料之一，没有印制电路图将影响检测速度，甚至妨碍正常检测思路的顺利展开。

② 它将电路板上的情况 1∶1 地画在印制电路图上。

③ 表示了电路原理图中各元器件在电路板上的分布状况和具体的位置，给出了各元器件引脚之间连线（铜箔线路）的走向。

④ 给在实际电路板上查找电路原理图中某个元器件的具体位置，带来了方便。

3．印制电路图识读举例

图 7-6 所示为 WXH02 型无线话筒印制电路图。高频三极管和外围元件 L、C4、C5 等组成高频振荡电路。驻极体话筒 BM 将声音信号变成电信号，通过电解电容器 C1 耦合到 VT 的基极，对高频等幅振荡电压进行调制，经过调制的高频信号通过 C6，由天线向外发射。R3、R4 是 VT 的直流偏置电阻器，R4 组成直流负反馈电路，使得 VT 的工作更加稳定。L 和 C5 决定振荡频率，调整 L 的匝数及间距可改变振荡频率。R1 为驻极体话筒的供电电阻器。

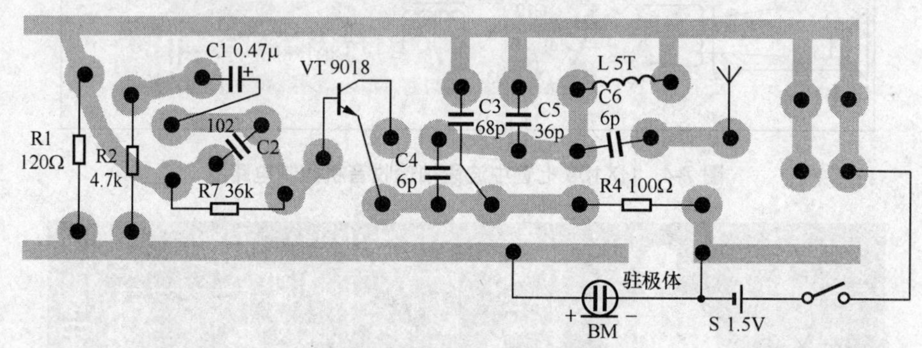

图 7-6　无线话筒印制电路图

四、产品说明书的识读

1．产品说明书及其作用

产品说明书又称用户手册，以说明为主要表现方式。它是介绍产品的性能、特点、构造、使用、保养、维修等内容的说明性经济文书，具有科学性、说明性、简明性等特征。产品说明书一般由生产单位编写，印成册子、单页或印在包装、标签上，随产品发出。

产品说明书以帮助消费者了解产品特性，正确、安全使用和保养产品，有效地发挥产品的使用价值，其作用如表 7-2 所示。如果产品说明书说明不准确，不仅会影响产品的正常使用，还会给消费者带来诸多不便甚至引发意外事故。

表 7-2　产品说明书的作用

类　型	简　介
消费指南	指导消费行动，了解产品特性、正确选择产品，用户维权依据
指导使用	介绍产品操作程序、维护保养的规定与途径，达到科学消费的目的
宣传企业	在介绍产品的同时宣传企业文化，兼有广告作用
传播知识	伴随产品走向消费者，为消费者介绍了新知识、新技术

2. 产品说明书的识读

产品说明书的一般构成如表 7-3 所示。

表 7-3 产品说明书的构成

类型	简　介
标题	置于文首或封面。 直接注明产品的商标、型号、名称、代号或批准文号以及文书种类
正文	说明书的主体，结构形式有：一段式、多段式、项目式、分条列写式。 主要包括产品概述；产品性能、特点、功用；产品组成或基本结构；规格或指标（主要技术参数）；产品工作原理；适用范围；产品的安装；产品使用方法；产品保养和维修；其他事项等
标记	产品标记置于文末或封面的标题之下，往往配有实物照片
落款	包括生产单位的名称、地址、邮编、联系方式等

产品说明书有条款直述式和自问自答式两种形式。

（1）条款直述式

把要说明的内容分成若干类别，然后按照一定顺序逐项书写。如果内容类别较多，用数字标上序号，将每类的要点用小标题的方法标出。这种方法的好处是条理清楚、醒目。如图 7-7 所示为电冰箱使用说明书。

电冰箱使用说明书

1 部件名称及用途 ………… 插页
2 安全注意事项 ………… 3
3 正确安装 ………… 4
4 合理使用 ………… 4
4.1 食品的存放 ………… 4
4.2 使用方法 ………… 5
5 冰箱的包装和搬运 ………… 5
6 保养 ………… 6
7 电路图 ………… 6
8 化霜 ………… 6
9 用户注意 ………… 7
10 故障处理 ………… 7
11 规格及性能参数 ………… 插页

图 7-7 电冰箱使用说明书

（2）自问自答式

将要说明的内容归纳成问题，按一定顺序提出并逐一陈述，条理清晰、问题突出。图 7-8 所示为手机使用指南。

在产品说明书中，可以配以插图（包括彩色、黑白照片，图画和示意图等）或表格，使抽象说明变得具体直观，帮助消费者准确、快速而又轻松地理解所要说明的内容。图 7-9 所示为收音机使用说明书。

使用指南　　　　　　　　　　　　　　　　　　　　使用指南

7. 为什么我的手机电池待电时间短？
   a. 是否按正确步骤充电及使用电池
   b. 如果一切正常，请把手机和电池拿到维修点检测
   c. 到通讯产品质量检验站（Tel：010-12345678）或当地技术监督局检测电池是否有假

·24·

8. 如何充电？
   开始的三次充电应达到 12 小时以上，第四次开始，显示充满即可
9. 为什么我的手机经常掉线？
   a. 所在地区网络覆盖不理想或有屏蔽
   b. 需做手机调试，请送往客户服务网点检测

·25·

图 7-8　手机使用指南

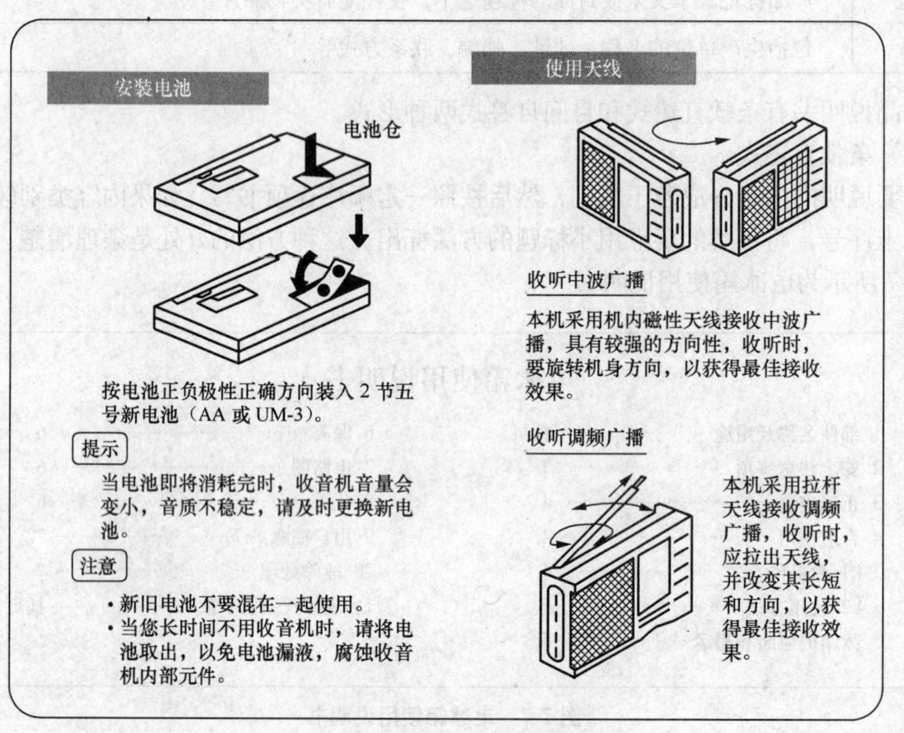

图 7-9　收音机使用说明书

第二部分　项目实训

一、识读超声波雾化器电路原理图

超声波雾化器电路原理图如图 7-10 所示，按表 7-4 的要求填写。

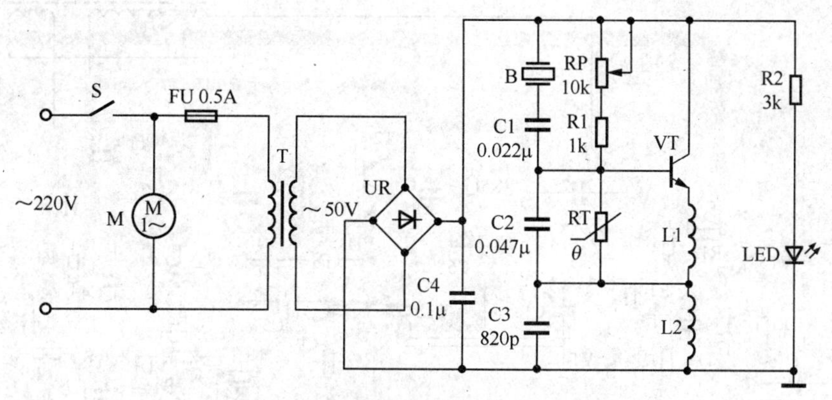

图 7-10 超声波雾化器电路原理图

表 7-4 超声波雾化器电路识读

电路名称	电路组成	工作原理
电源电路		
超声波振荡器电路		
雾化器电路		

二、识读收音机印制电路图

根据图 7-11（a）所示收音机变频电路，在图 7-11（b）所示的印制电路图中用不同颜色的笔画出其元件及连线（印制导线）。

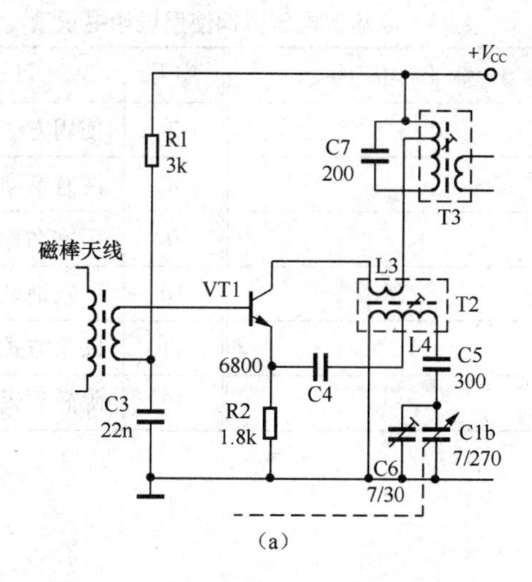

图 7-11 收音机印制电路图

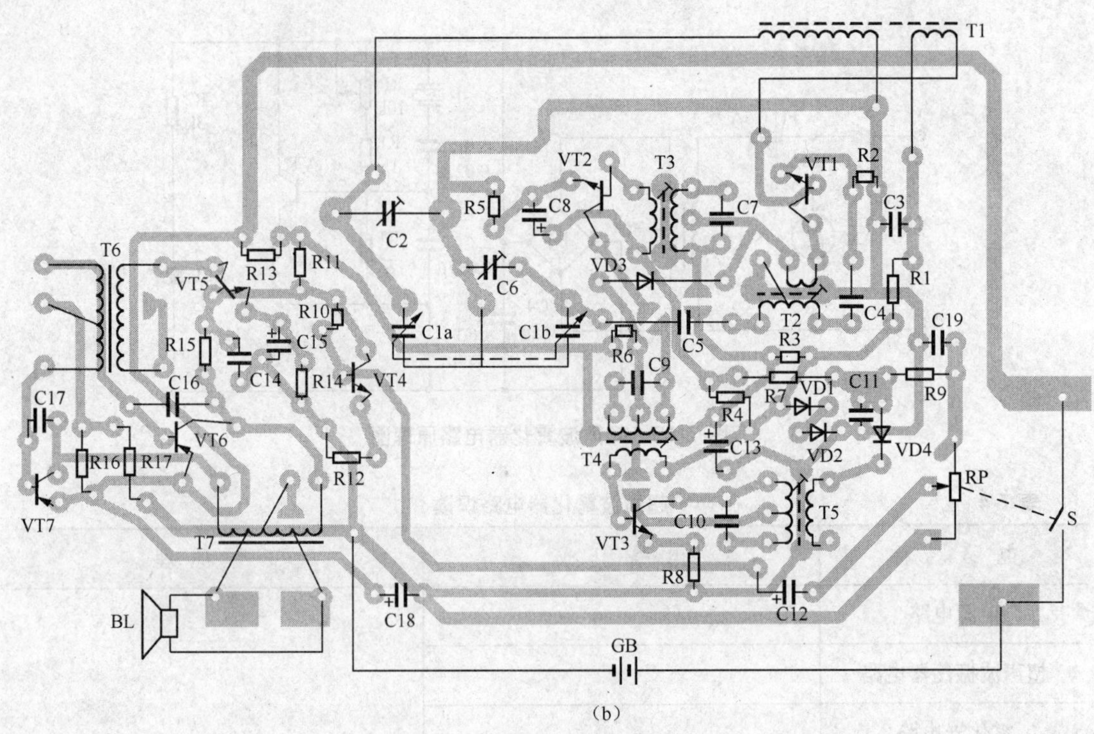

图 7-11 收音机印制电路图（续）

三、识读电脑型电压力锅使用说明书

找一份电脑型电压力锅使用说明书来识读，按要求完成表 7-5 的填写。

表 7-5　电脑型电压力锅使用说明书识读

序号	项　目	举 例 说 明	序号	项　目	举 例 说 明
1	商标		7	使用方法	
2	型号		8	注意事项	
3	名称		9	厂家名称	
4	构造		10	厂家地址	
5	技术参数		11	联系方式	
6	执行标准		12	邮政编码	

项目八　电路原理图及 PCB 的设计

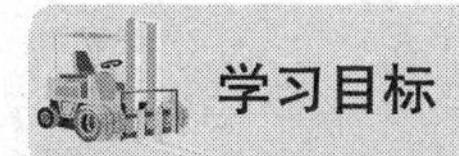

学习目标

学 习 目 标		学 习 方 式	学时
知识目标	① 了解 Protel 2004 软件； ② 了解 PCB 的相关知识	教师讲授	8 课时
技能目标	① 熟悉 Protel 2004 软件的安装和启动； ② 学会 PCB 工程、电路原理图、PCB 文件等文件的创建、保存和重命名； ③ 掌握绘制电路原理图、PCB 设计的基本步骤和方法	学生根据要求练习，教师指导、答疑。 重点：绘制电路原理图和 PCB 设计	

第一部分　项目相关知识

一、认知 Protel 2004

Protel 2004 是一款电子设计自动化设计软件，主要由原理图设计系统、印制电路板设计系统、电路仿真设计系统、硬件描述语言和可编程门阵列设计系统等组成，采用 Windows XP 操作系统或 Windows 2000 操作系统来运行。

1. Protel 2004 的安装与启动

Protel 2004 的安装与 Windows 应用程序的安装方法一样，在安装向导的提示下进行即可。

Protel 2004 软件的启动方法有多种。双击在桌面上已建立的软件快捷方式图标；或选中该图标后右击，在弹出的菜单中单击【打开】命令启动；或选择 Windows【开始】→【程序】→Altium→DXP2004 命令启动；或找到已存在的文件，双击文件名启动。

2. 创建 PCB 工程

以新建一个“稳压电源”工程项目及相关文件为例。

（1）工程项目的创建与保存

步骤 1：在 E 盘的根目录下新建一个名为“稳压电源”的文件夹，往后所有与该项目设计有关的文件都存放在该文件夹中。

步骤 2：启动 Protel 2004 软件，进入工作主窗口界面。执行【文件】→【创建】→【项目】→【PCB 项目】命令，如图 8-1 所示。

步骤 3：在弹出的如图 8-2 所示对话框中，单击【确认】按钮，Protel2004 软件就会创建一个默认文件名为 PCB_Project1.PrjPCB 的空工程项目，从 Projects 工作面板中可以看到这个空工程，其中"No Documents Added"的含义是当前工程文件中没有任何文件，如图 8-3 所示。

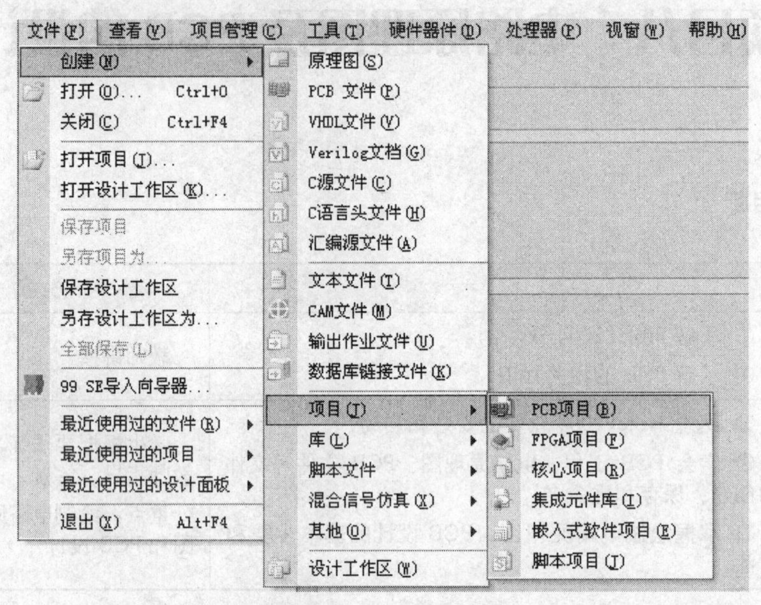

图 8-1 创建工程项目

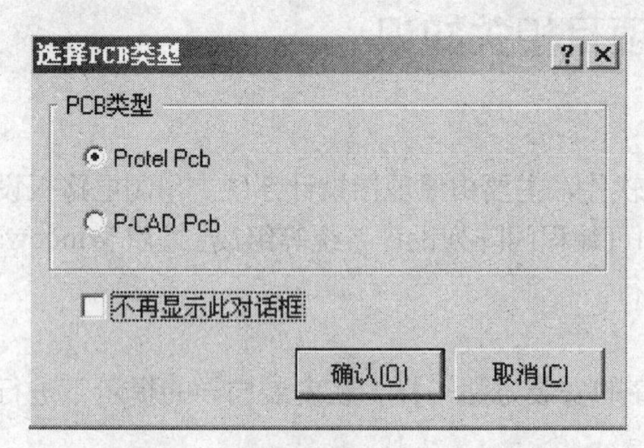

图 8-2 【选择 PCB 类型】对话框

图 8-3 Projects 面板

步骤 4：执行【文件】→【保存项目】命令，如图 8-4 所示；在保存路径的对话框内选择路径为"E:\稳压电源"，在文件名栏内输入"稳压电源 1"，单击【保存】按钮，如图 8-5 所示。

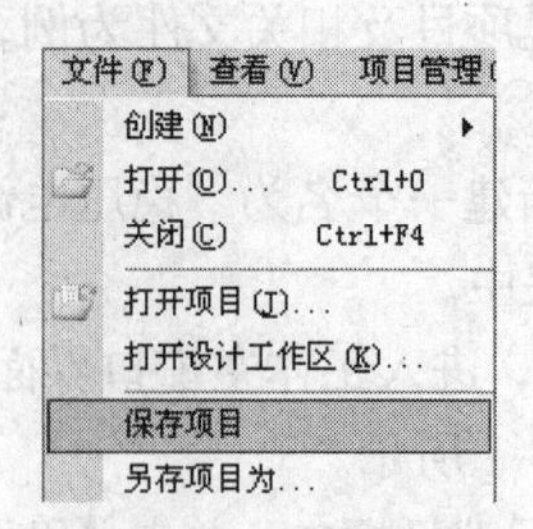

图 8-4 保存项目文件

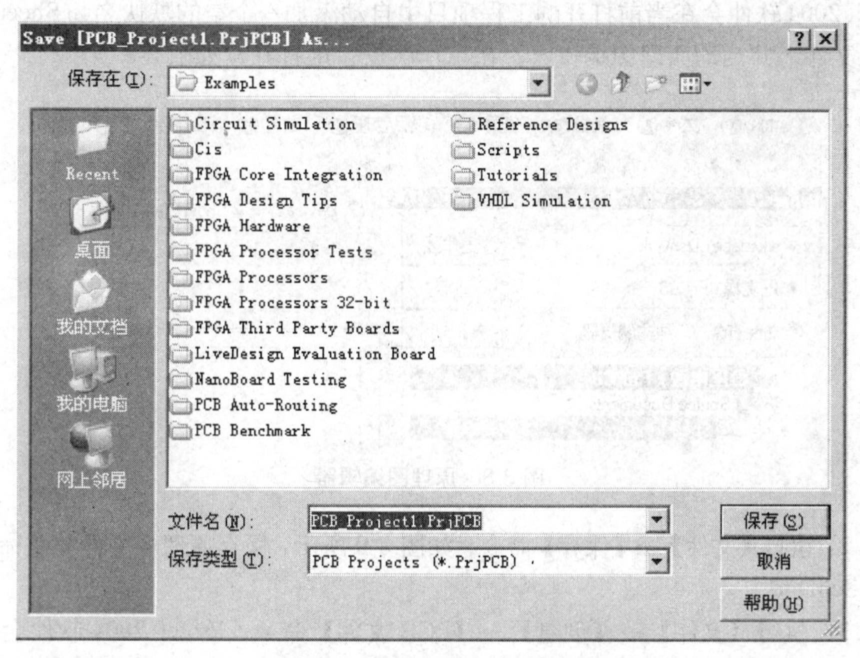

图 8-5 保存项目文件对话框

此时可以看到 Projects 工程面板中，当前工程项目的名字已经换成了“稳压电源1.PrjPCB”，如图 8-6 所示。

图 8-6 重命名后的 Projects 面板

(2) 文件的创建与保存

在创建了空工程项目后，可以添加很多类型的源文件，如原理图文件和 PCB 印制电路板文件。

步骤 1：执行【文件】→【创建】→【原理图】命令，如图 8-7 所示。

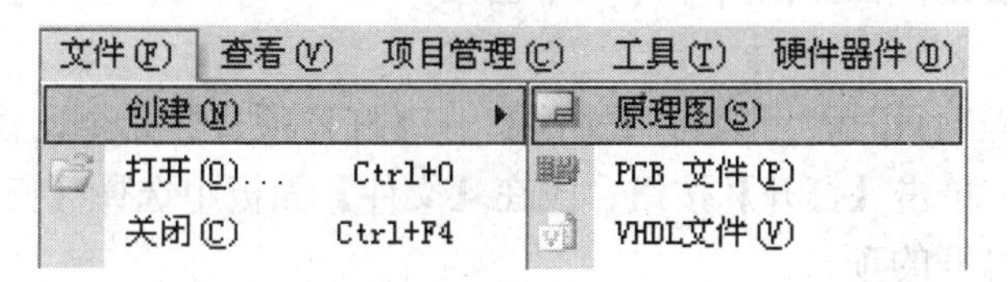

图 8-7 新建原理图文件

Protel 2004 软件会在当前打开的工程项目中自动添加一个空的默认名为 Sheet1.SchDoc 的原理图文件，并启动原理图编辑器，在工作区窗口中打开，如图 8-8 所示。

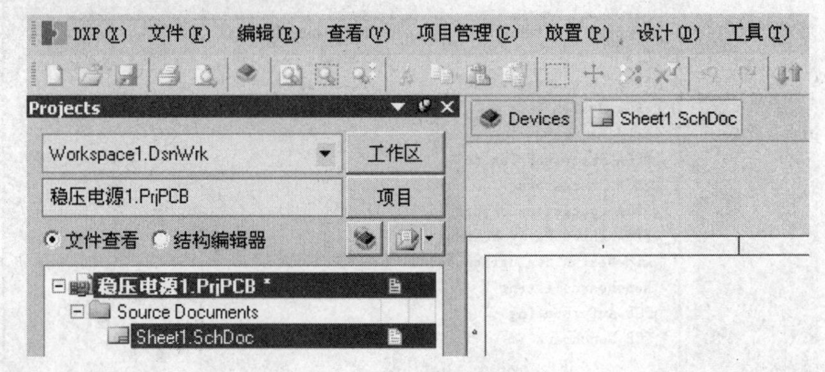

图 8-8　原理图编辑器

步骤 2：执行【文件】→【保存】命令，如图 8-9 所示；保存原理图文件并重命名为“稳压电源 1.SchDoc”。

步骤 3：执行【文件】→【创建】→【PCB 文件】命令，Protel 2004 软件会在当前工程项目中添加一个空的默认名为 PCB1.PcbDoc 的 PCB 文件，并在工作区窗口中打开。

步骤 4：保存 PCB 文件，并重命名为“稳压电源 1.PcbDoc”。

最后形成的新建工程项目和文件结果如图 8-10 所示。今后每一次文件内容操作的改动，都需要对此进行保存操作。

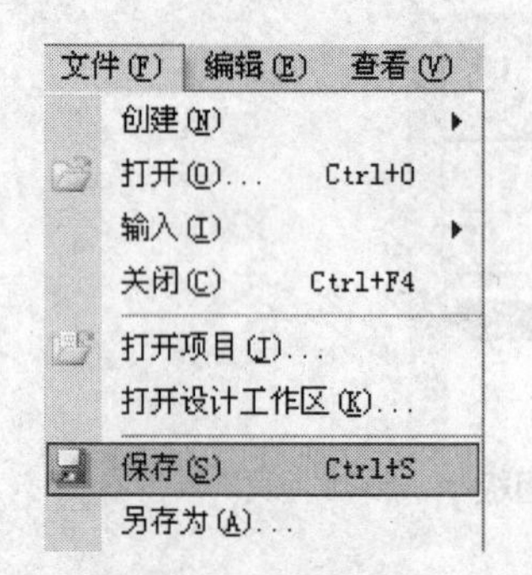

图 8-9　保存命令

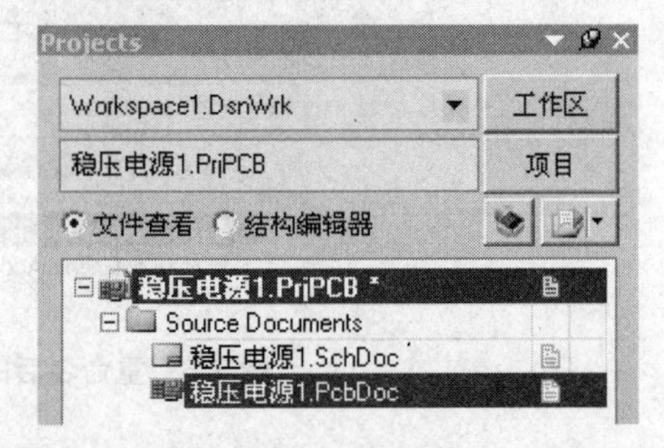

图 8-10　新建项目和文件后的 Projects 面板

（3）关闭与打开文件

当打开的项目文件需要关闭时，将光标移至【projects】面板中所要关闭的工程项目文件名上，单击鼠标右键，在弹出的命令中单击【Close Project】，即可关闭该工程项目，如图 8-11 所示。

当要打开某工程项目时，可执行【文件】→【打开项目】命令，在弹出的对话框中单击所要打开的项目，单击【打开】按钮；或在【文件】面板中选择【打开项目】，在弹出的对话框中单击所要打开的项目。

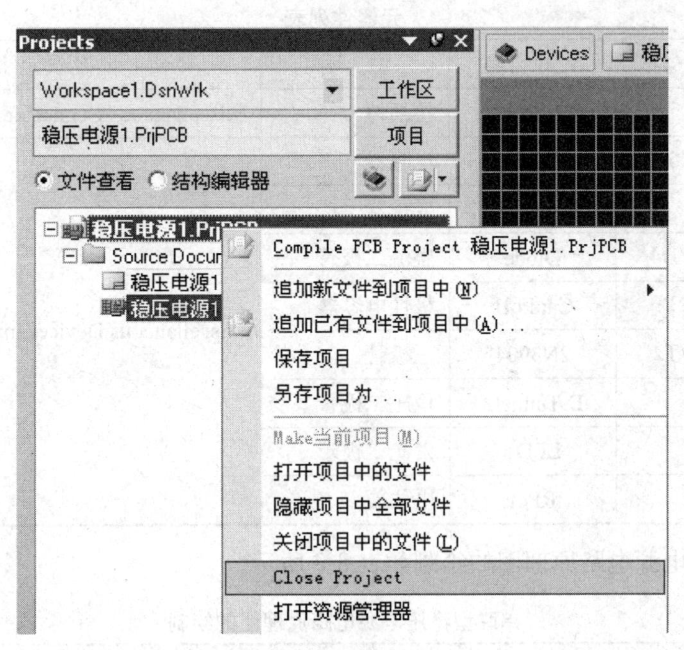

图 8-11 关闭项目

二、电路原理图的设计

整个电路的设计一般始于电路原理图设计，也就是绘制电路原理图。它既要保证电路原理图电气特性正确无误，又要使得整张电路原理图元器件布局合理，连线清晰，美观大方。

以设计如图 8-12 所示串联型稳压电源电路原理图为例，该电路所涉及的元器件如表 8-1 所示。

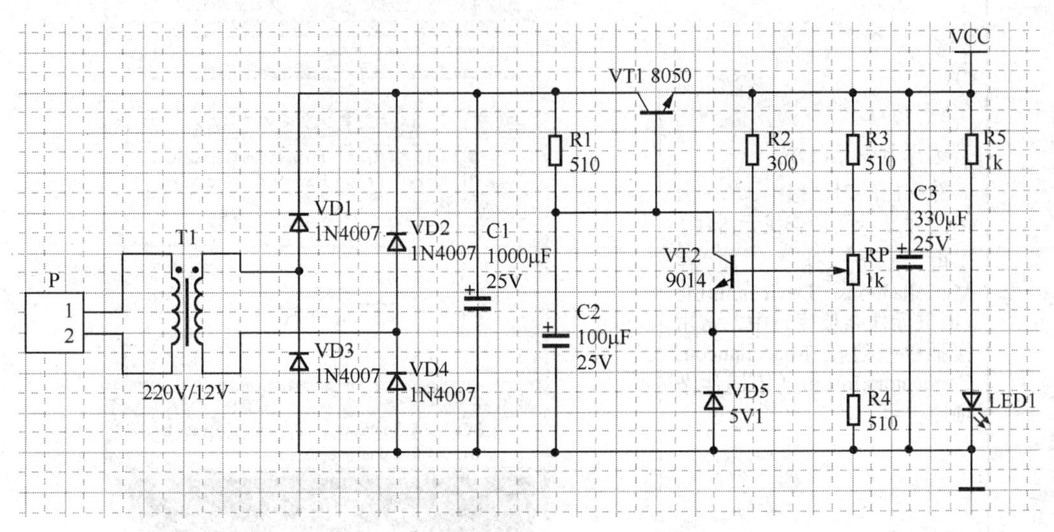

图 8-12 串联型稳压电源电路原理图

表 8-1　　元器件列表

序号	元件标号	元件名称	说　明	所属元件库
1	P1	Header2	接插件	Miscellaneous Connectors.IntLib
2	R1～R5	Res2	电阻器	Miscellaneous Devices.IntLib
3	T1	TransIdeal	变压器	
4	VD1～VD4	Diode	整流二极管	
5	C1～C3	CapPol1	极性电容器	
6	VT1～VT2	2N3904	三极管	
7	VD5	D Tunnel2	稳压二极管	
8	LED1	LED1	发光二极管	
9	RP	RPot	电位器	

串联型稳压电源电路原理图的绘制如表 8-2 所示。

表 8-2　　串联型稳压电源电路原理图的绘制

步骤	绘 制 说 明	图　　示
1	打开原理图文件，单击窗口工作区面板的【元件库】	
2	选择所需元器件。 在弹出的对话框中，单击激活元件显示区，查找元器件。 电气元件一般在 Miscellaneous Devices.IntLib（电气元件杂项库）中，常用接插件一般在 Miscellaneous Connectors.IntLib（接插件杂项库）中	

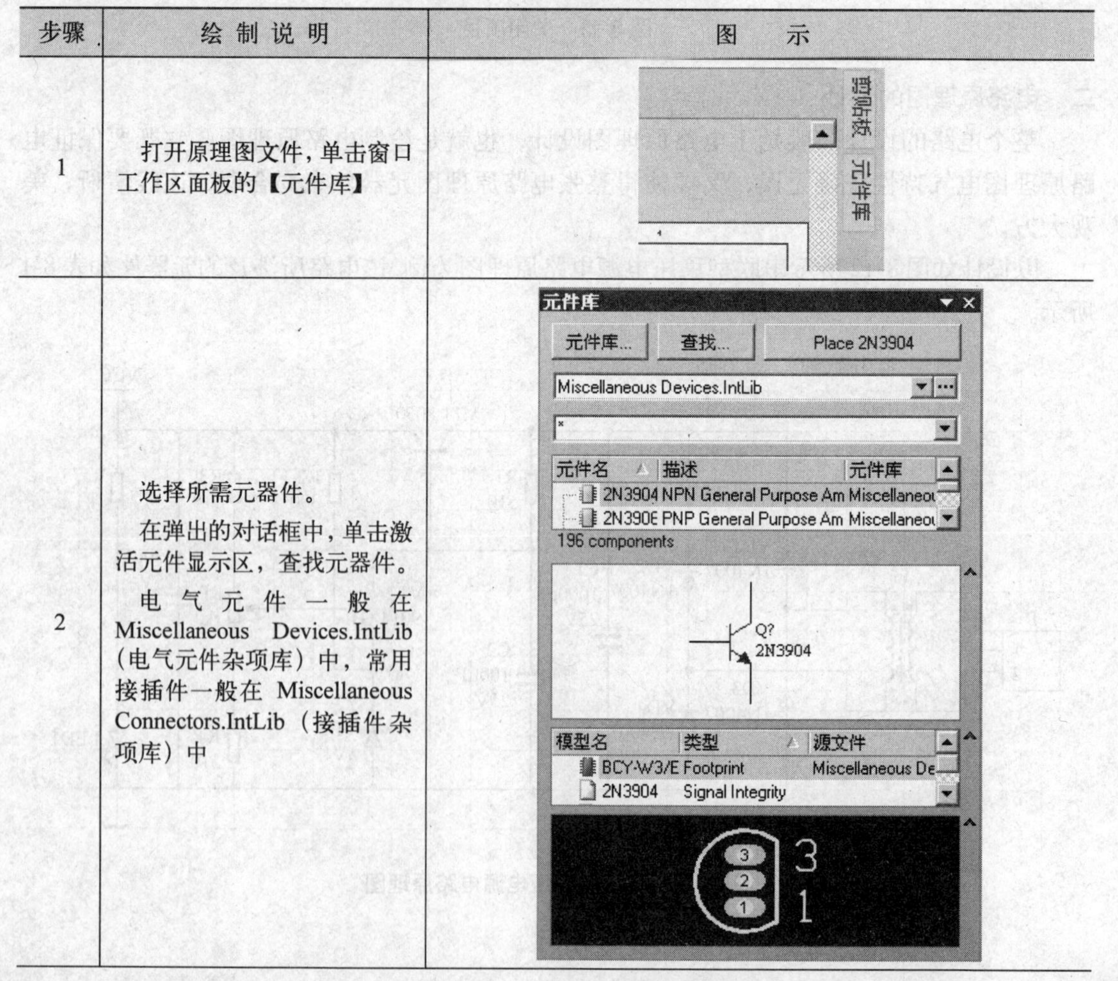

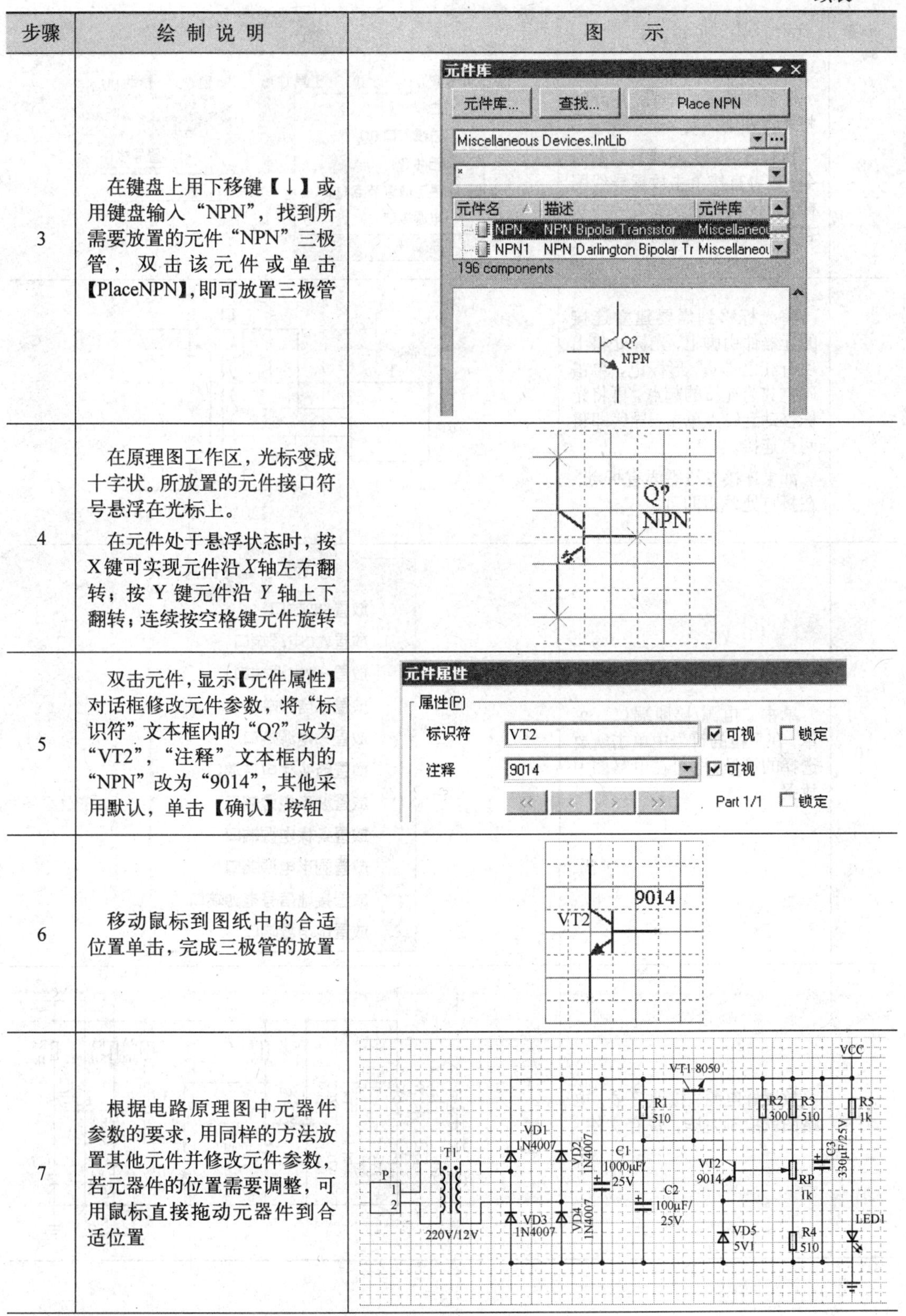

续表

步骤	绘制说明	图示
3	在键盘上用下移键【↓】或用键盘输入“NPN”，找到所需要放置的元件“NPN”三极管，双击该元件或单击【PlaceNPN】，即可放置三极管	
4	在原理图工作区，光标变成十字状。所放置的元件接口符号悬浮在光标上。 在元件处于悬浮状态时，按X键可实现元件沿X轴左右翻转；按Y键元件沿Y轴上下翻转；连续按空格键元件旋转	
5	双击元件，显示【元件属性】对话框修改元件参数，将“标识符”文本框内的“Q?”改为“VT2”，“注释”文本框内的“NPN”改为“9014”，其他采用默认，单击【确认】按钮	
6	移动鼠标到图纸中的合适位置单击，完成三极管的放置	
7	根据电路原理图中元器件参数的要求，用同样的方法放置其他元件并修改元件参数，若元器件的位置需要调整，可用鼠标直接拖动元器件到合适位置	

续表

步骤	绘制说明	图示
8	元器件放置完毕后，用导线将元器件连接起来。 执行【放置】→【导线】命令，或者直接单击放置导线图标，系统自动进入放置导线状态，此时光标变成十字状	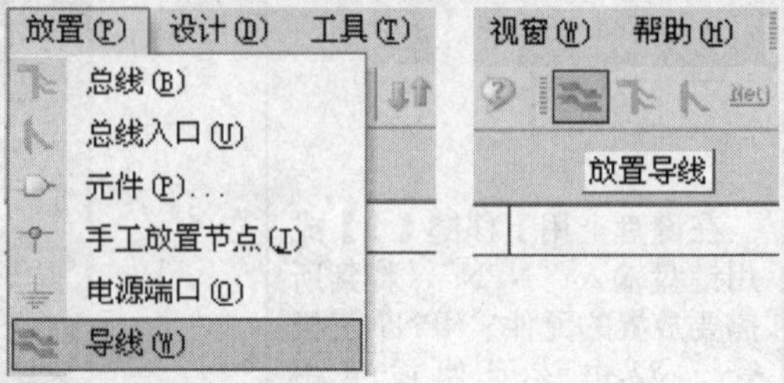 放置(P) 设计(D) 工具(T) 总线(B) 总线入口(U) 元件(P)... 手工放置节点(J) 电源端口(O) 导线(W) 视窗(W) 帮助(H) 放置导线
9	将光标移到需要建立连接的元器件引脚上，光标处将出现有红色“×”形标记，单击确定其为连接的起点，再将光标移动到终点单击，导线即将两点连接。 如果连接导线需要有折点，在折点处单击即可	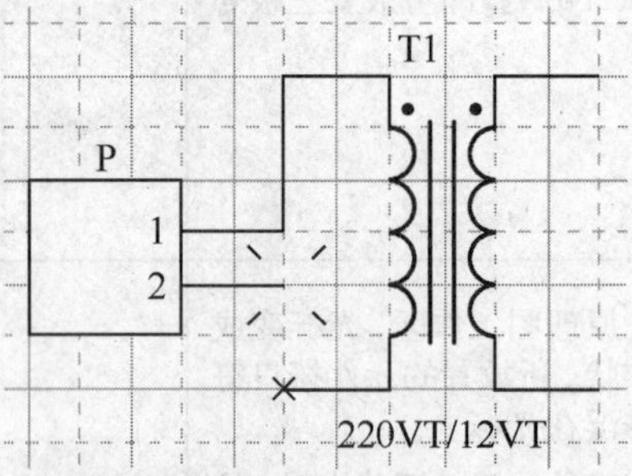 T1 P 1 2 220VT/12VT
10	单击“电源/接地端口”菜单，在下拉的符号中单击所要选择的符号，即可在电路图中放置	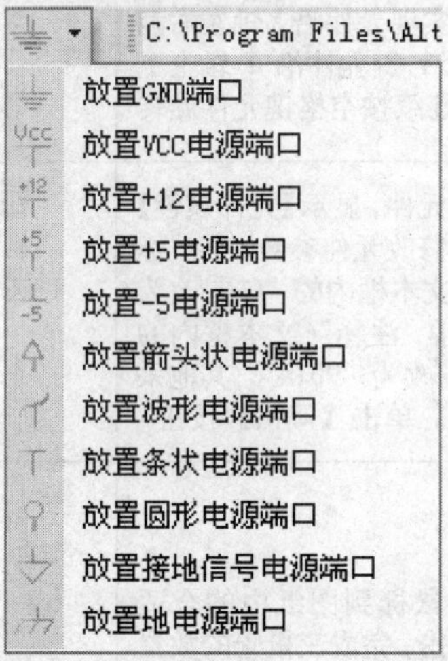 C:\Program Files\Alt 放置GND端口 放置VCC电源端口 放置+12电源端口 放置+5电源端口 放置-5电源端口 放置箭头状电源端口 放置波形电源端口 放置条状电源端口 放置圆形电源端口 放置接地信号电源端口 放置地电源端口
11	放置好电源、接地符号，电路图就绘制完毕，保存文件	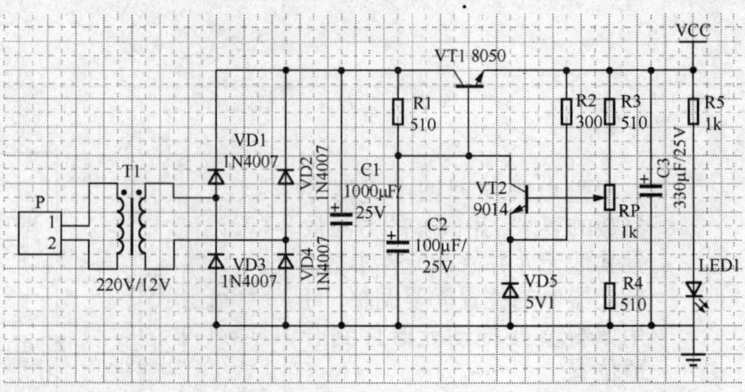 VCC VT1 8050 R1 510 R2 300 R3 510 R5 1k VD1 1N4007 VD2 1N4007 C1 1000μF/25V T1 P 1 2 VT2 9014 RP 1k C3 330μF/25V C2 100μF/25V VD3 1N4007 VD4 1N4007 220V/12V VD5 5V1 R4 510 LED1

三、PCB 的设计

PCB 的设计是设计人员根据电子产品的电路原理图和元器件的形状尺寸，将电子元器件合理地进行排列，并实现电气连接，将电路原理图转换成印制电路板图的过程，通常有人工和计算机辅助设计两种方式。

1. PCB 基本知识

PCB 是英文 Printed Circuit Board 的缩写，中文名称为印制电路板，简称印制板，即我们通常说的电路板。它是电子产品中电路元件和器件的机械支撑件；提供电路元件和器件之间的电气连接；为元器件的插装、检查、维修提供识别字符、图形、规格及测试数据，如图 8-13 所示。

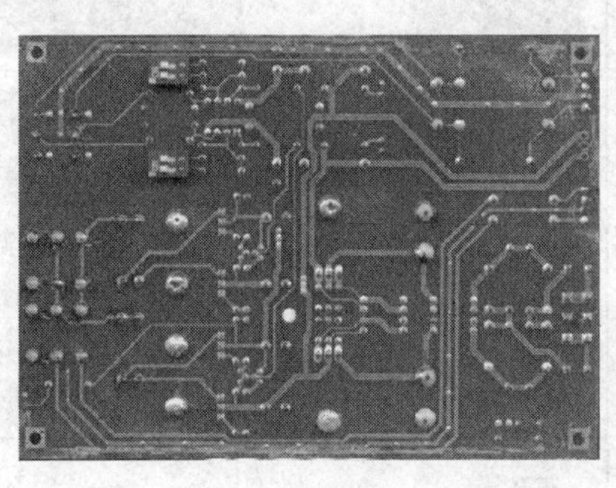

（a）焊接面　　（b）元器件面

图 8-13　PCB 单面板

（1）PCB 的组成

PCB 的主要组成如图 8-14 所示。

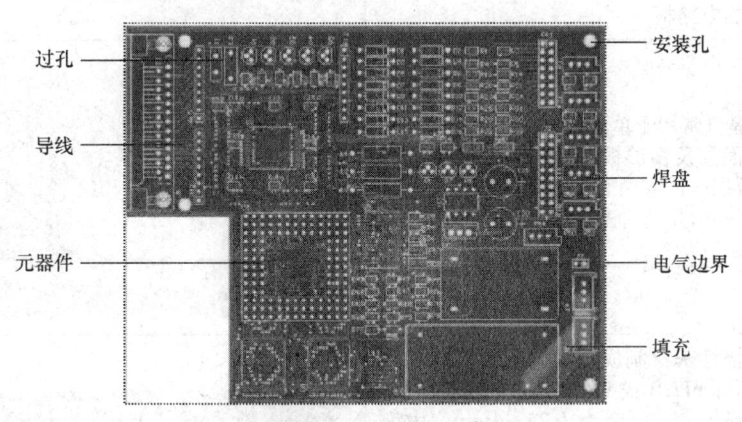

图 8-14　PCB 的组成

（2）PCB 的类型

PCB 根据元件导电层面的多少有单面板、双面板和多层板；按机械性能有刚性板和柔性板，如表 8-3 所示。

表 8-3　　PCB 的类型

类型	简　介	图　示
单面板	单面板又称单层板。电路板只有一面导电层，另一面没有导电层，导电层中包含焊盘与印制导线，并印有元件型号和参数等。 单面板在设计上有许多严格的限制，如布线间不能交叉等。它的绝缘基板厚度为 0.2～1.5mm，成本较低，适用于元器件密度不高的电子产品	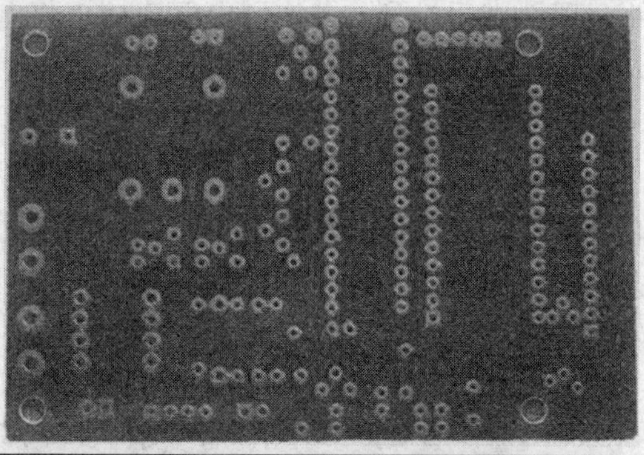
双面板	双面板又称双层板。双层即顶层和底层，顶层一般为元件面，底层一般为焊接面，双面都有敷铜，都可以布线；两层间的电气连接通过内壁金属化处理的焊盘或过孔实现。 双面板布线可以互相交错，极大地提高了布线的灵活性和布通率，适用于元器件密度比较高的电子产品	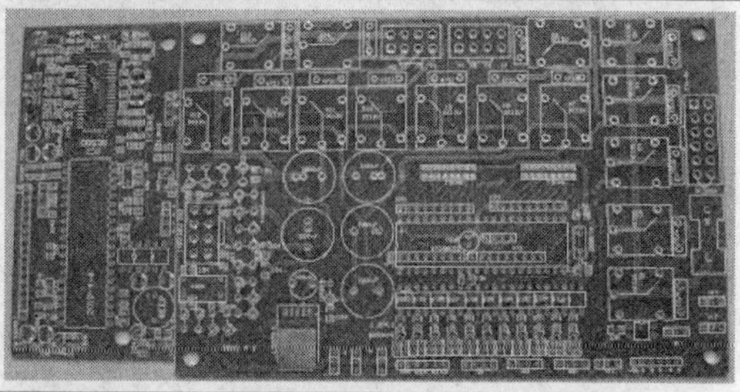
多层板	多层板包含了多个工作层的电路板。除顶层与底层外，还有多个功能的中间层，工作层之间隔有绝缘层。各工作层间的电气互连，通过焊盘或过孔、盲导孔来实现。 多层板的层数通常为偶数，且包括最外侧的两层。与集成电路配合使用，可以减小产品的体积与重量。适用于制作复杂的或有特殊要求的电路板	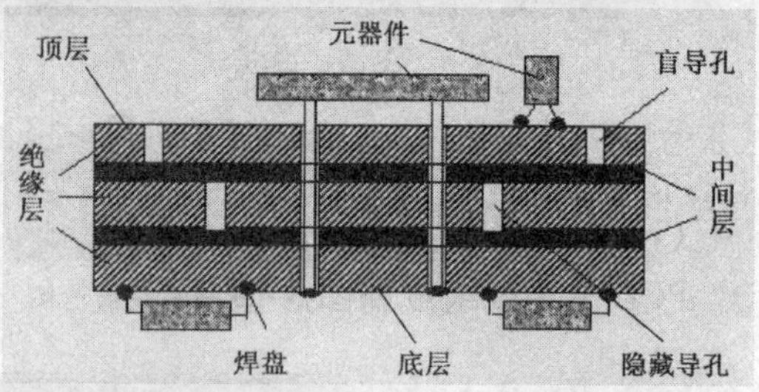 顶层 元器件 盲导孔 绝缘层 中间层 焊盘 底层 隐藏导孔
刚性印制板	用纸基（常用于单面板）或玻璃布基（常用于双面板及多层板）预浸酚醛或环氧树脂，在表层一面或两面粘上敷铜箔再层压固化而成基材，用这种基材制成的电路板即为刚性印制电路板	
挠性印制板	利用挠性基材制成的具有图形的印制电路板，简称 FPCB 或 FPC，又称柔性电路板、软性电路板，其厚度为 0.25～1mm。由绝缘基材和导电层构成，绝缘基材和导电层之间有粘结剂。也有单层、双层及多层之分，可以端接、排接到任意规定的位置。 配线密度高、错误少，重量轻，体积小，可挠性及可弹性改变形状，广泛应用于计算机、通信、仪表等方面	

2. PCB 设计的基本要求

（1）元器件布局

① 通常按照信号的流程逐个安排各个功能电路单元的位置，使布局便于信号流通，并使信号尽可能保持一致的方向，如图 8-15 所示（箭头表示信号流向）。

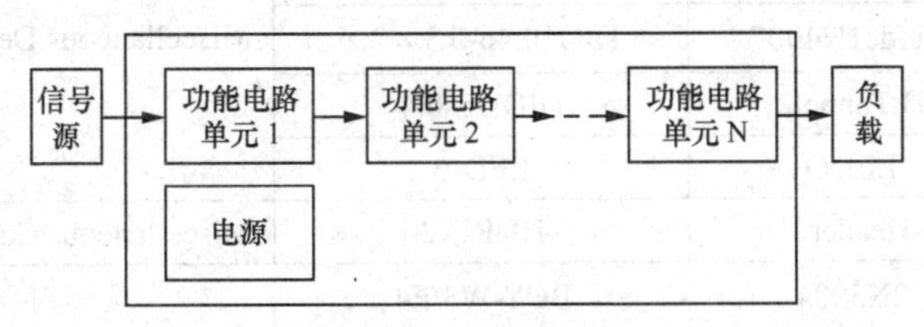

图 8-15 信号流程图

② 围绕每个功能电路单元核心元器件为中心进行布局，使印制电路板上的元器件排列均匀、整齐、紧凑，平行或垂直布置，减少和缩短各模块之间的引线和连接线。

③ 对所有元器件的布局安排要考虑到安装、焊接、调试和维修的方便。

（2）印制电路板的布线

① 印制电路板上的导线最小宽度由印制电路与绝缘基板间的粘附强度和流过它们的电流值决定。常用的有 0.5mm、1.0mm 和 1.5mm 3 种，分立元件电路通常在 1.5～2.0mm；集成电路、数字电路在 0.2～0.3mm；电源线和公共地线在布线允许条件下要大于 3mm。印制电路允许通过的电流及线路宽度关系如表 8-4 所示。

表 8-4 印制导线宽度规格与允许电流

印制导线宽度（mm）	0.5	1.0	1.5	2.0
允许电流（A）	0.8	1.0	1.5	1.9

② 每两条印制电路之间的最小间距主要由它们之间的绝缘电阻和击穿电压决定。印制电路间距越大，相互之间绝缘电阻就越大，可承受的耐压就越高。一般选在 1～1.5mm。集成电路尤其是数字电路，由于工作电压都很低，只要工艺允许，间距可很小。

（3）焊盘的形状和尺寸

焊盘是一个与印制电路连接的圆环，通过它印制电路实现元器件之间的相互连通，其形状有岛形和圆形。

焊盘宽度一般为 0.5～1.5mm，为便于打孔和安装元器件，圆环的直径比元器件引线的直径大 0.2～0.3mm。

3. PCB 设计举例

以图 8-12 所示串联型稳压电源电路为例进行 PCB 的设计，电路中所列元件相关属性，如表 8-5 所示。设计要求电路板为单面板，大小为 4500mil × 2500mil，导线宽度为 30mil，4 个安装孔，如图 8-16 所示。

表 8-5 元件相关属性

标识符	注释	封装	所属元件库
C1	CapPol1	RB7.6-15	
C2、C3	CapPol1	CAPPR2-5×8	
VD1～VD4	Diode1N4007	DIO10.46-5.3×2.8	Miscellaneous Devices.IntLib
VD5	D Tunnel2	DIODE-0.4	
LED1	LEDO	LED-0	
P	Header2	HDR1X2	Miscellaneous Connectors.IntLib
VT1、VT2	2N3904	BCY-W3/E4	
R1～R5	Res Semi	AXIAL-0.4	Miscellaneous Devices.IntLib
RP	RPot	VR5	
T1	Trans Cupl	TRF-4	

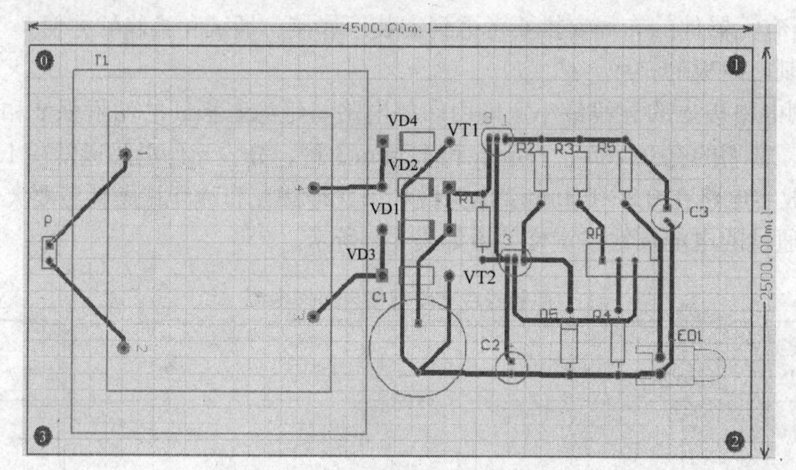

图 8-16 串联型稳压电源 PCB 图

串联型稳压电源电路 PCB 的设计过程，如表 8-6 所示。

表 8-6 设计过程

步骤	绘制说明	图示
1	在 PCB 的编辑状态下，单击工作层标签中的禁止布线层（Keep Out Layer），将禁止布线层作为当前工作层；执行【放置】→【直线】命令或单击“实用工具”栏中的图标，光标变为十字形状；将光标移动到工作窗口中的合适位置，单击左键确定一个边界的起点，然后拖动光标至合适位置再单击左键确定终点，完成一条边界的绘制。按同样的方法完成其他三条边界的绘制，电气边界的尺寸为 4500mil×2500mil	

续表

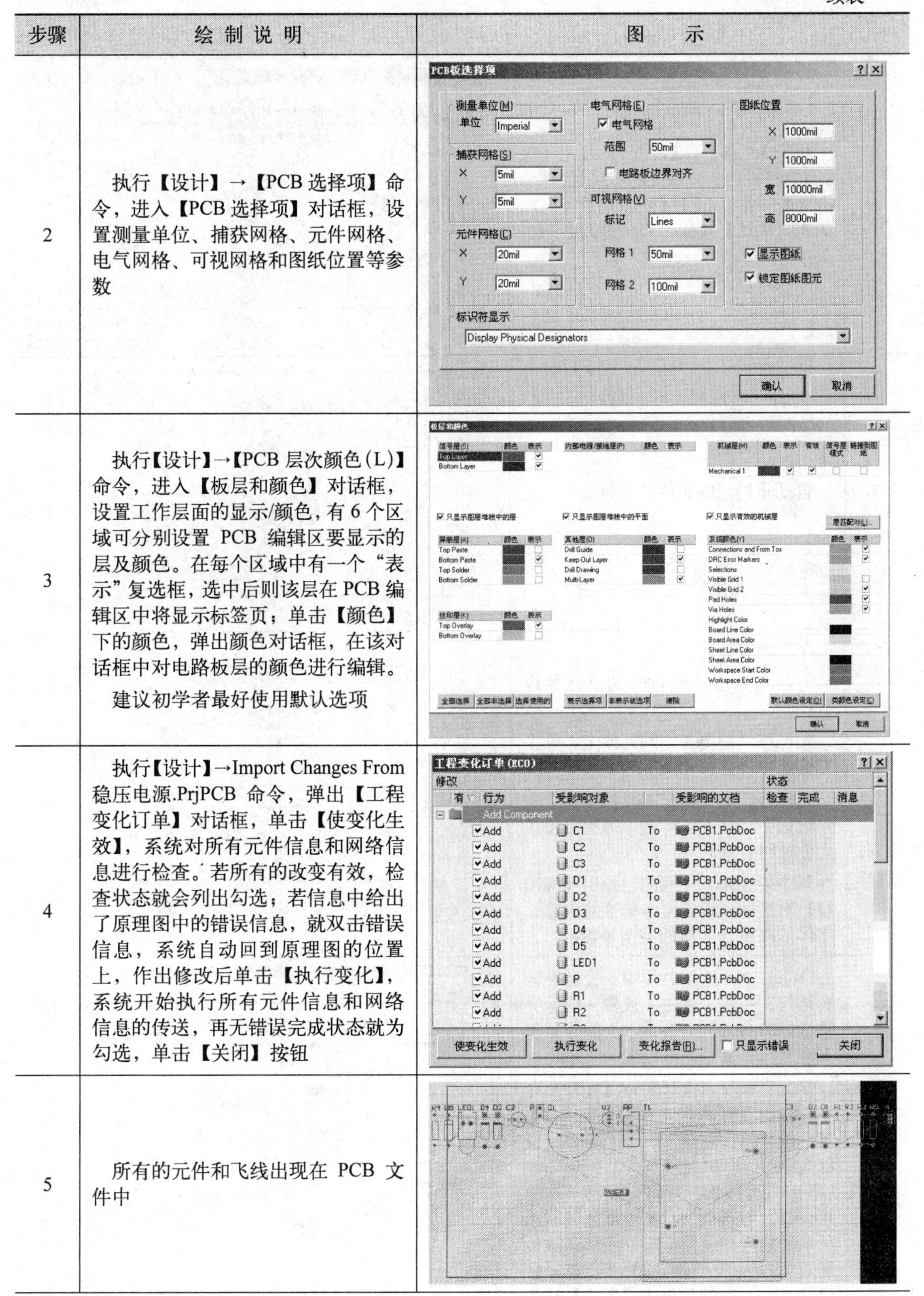

步骤	绘制说明	图示
2	执行【设计】→【PCB 选择项】命令，进入【PCB 选择项】对话框，设置测量单位、捕获网格、元件网格、电气网格、可视网格和图纸位置等参数	
3	执行【设计】→【PCB 层次颜色（L）】命令，进入【板层和颜色】对话框，设置工作层面的显示/颜色，有 6 个区域可分别设置 PCB 编辑区要显示的层及颜色。在每个区域中有一个“表示”复选框，选中后则该层在 PCB 编辑区中将显示标签页；单击【颜色】下的颜色，弹出颜色对话框，在该对话框中对电路板层的颜色进行编辑。 建议初学者最好使用默认选项	
4	执行【设计】→Import Changes From 稳压电源.PrjPCB 命令，弹出【工程变化订单】对话框，单击【使变化生效】，系统对所有元件信息和网络信息进行检查。若所有的改变有效，检查状态就会列出勾选；若信息中给出了原理图中的错误信息，就双击错误信息，系统自动回到原理图的位置上，作出修改后单击【执行变化】，系统开始执行所有元件信息和网络信息的传送，再无错误完成状态就为勾选，单击【关闭】按钮	
5	所有的元件和飞线出现在 PCB 文件中	

续表

步骤	绘制说明	图示
6	执行【工具】→【放置元件】→【自动布局】命令，打开自动布局对话框；选中【分组布局】和【快速元件布局】，单击【确认】按钮，系统进入自动布局	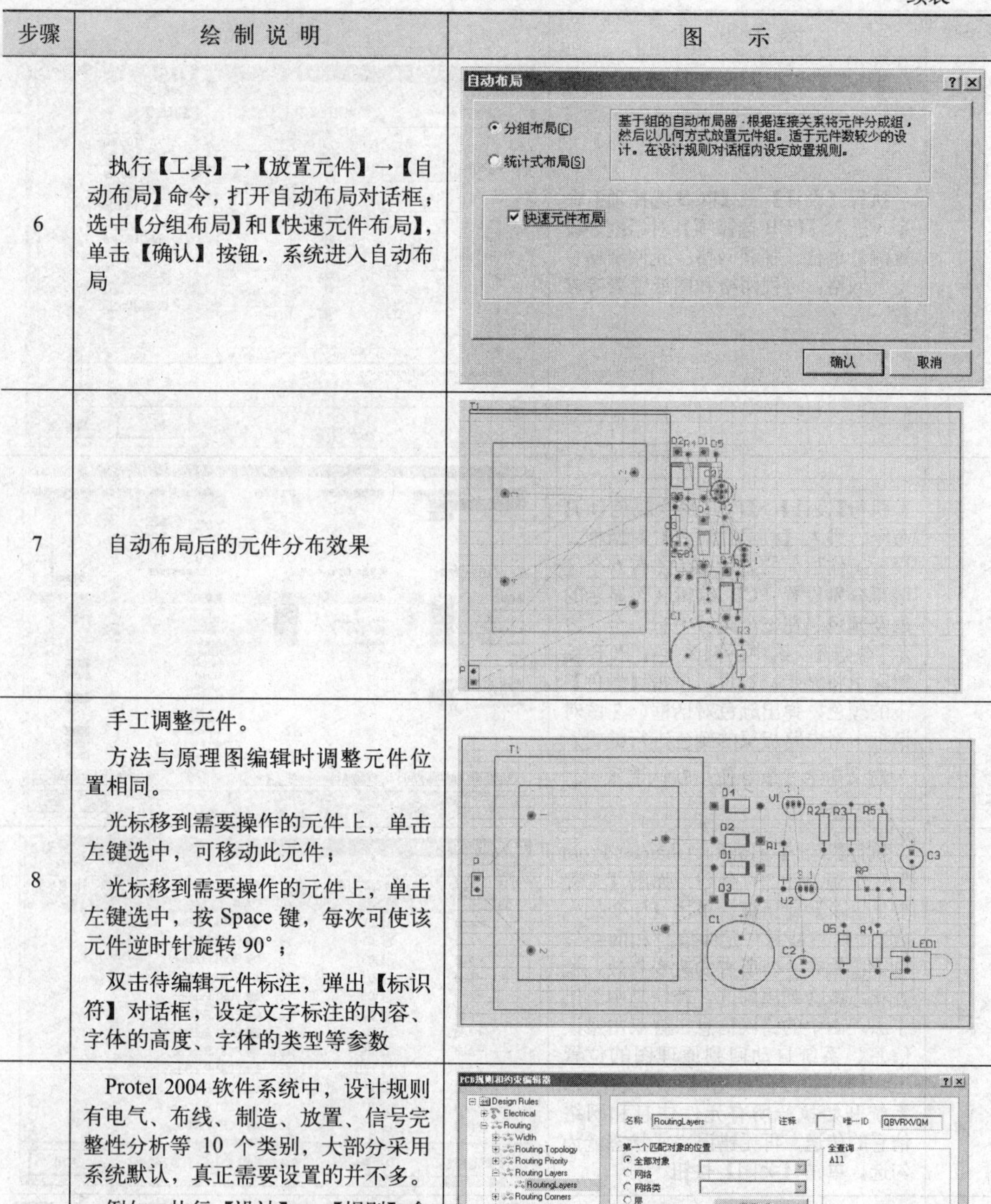
7	自动布局后的元件分布效果	
8	手工调整元件。 方法与原理图编辑时调整元件位置相同。 光标移到需要操作的元件上，单击左键选中，可移动此元件； 光标移到需要操作的元件上，单击左键选中，按 Space 键，每次可使该元件逆时针旋转 90°； 双击待编辑元件标注，弹出【标识符】对话框，设定文字标注的内容、字体的高度、字体的类型等参数	
9	Protel 2004 软件系统中，设计规则有电气、布线、制造、放置、信号完整性分析等 10 个类别，大部分采用系统默认，真正需要设置的并不多。 例如，执行【设计】→【规则】命令，弹出【PCB 规则和约束编辑器】对话框，单击左侧 Design Rules（设计规则）→Routing（布线）→Routing Layers（布线层）规则，弹出“布线层设置”对话框，右侧顶部区域显示所设置的规则使用范围，底部区域显示规则的约束特性，取消选中顶层(Top Layer)，然后单击【适用】按钮	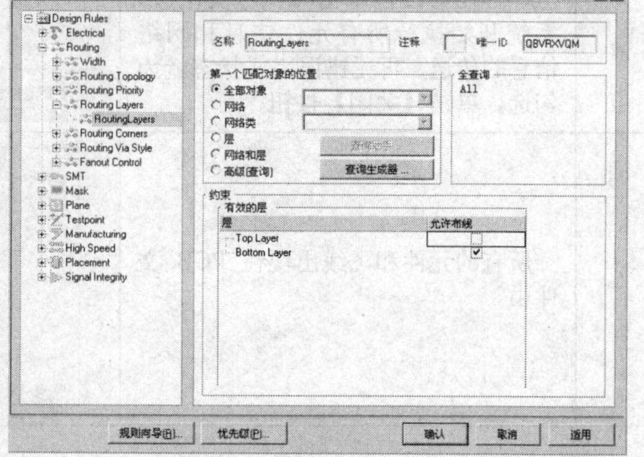

续表

步骤	绘 制 说 明	图 示
10	执行【设计】→【规则】命令，弹出【PCB 规则和约束编辑器】对话框，单击左侧 Design Rules（设计规则）→Routing（布线）→Width（布线宽度）规则，弹出“布线宽度范围设置”对话框。 在单元中标出了导线的 3 个宽度约束，即“最小宽度”、“优选尺寸”和“最大宽度”。单击每个文本框并键入数值，即可对其进行修改。需要注意的是，在修改“最小宽度”值之前必须先设置“最大宽度”栏。根据要求，把此项目中的3个宽度都改成30 mil，然后单击【适用】按钮	
11	执行【自动布线】→【全部对象】命令，弹出“布线策略”对话框，确定布线的报告内容和确认所选的布线策略（一般选用系统默认值），单击【Route All】进入自动布线状态，PCB 上开始自动布线，同时给出信息显示框。自动布线完成后，关闭信息显示框，全局自动布线结束。 自动布线的功能主要是实现电气网络的连接，很少考虑特殊的电气、物理和散热等要求，所以必须通过手工来进行调整，使电路板既能实现正确的电气连接，又能满足用户的设计要求	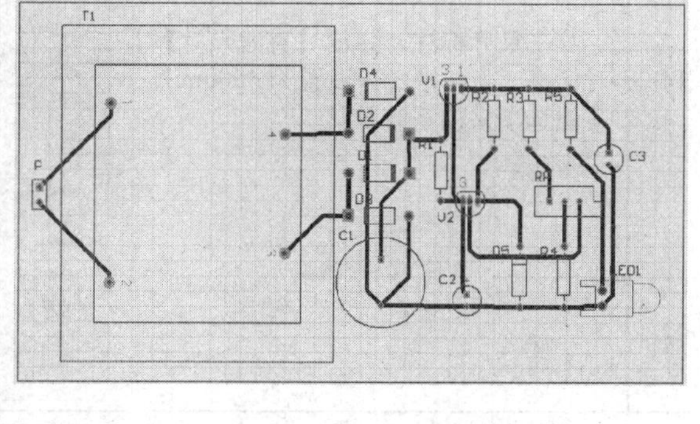
12	采用放置焊盘的办法来放置定位孔。 单击【放置】→【焊盘】命令，光标呈焊盘放置状态，拖动光标到合适位置，单击左键，完成一个焊盘的放置。此时光标仍处于放置状态，可继续放置其他 3 个焊盘。双击焊盘弹出【焊盘】对话框，将“孔径”、“X-尺寸”和“Y-尺寸”大小均设置相等，且为 120mil，“形状”用 Round，其他采用系统默认设置	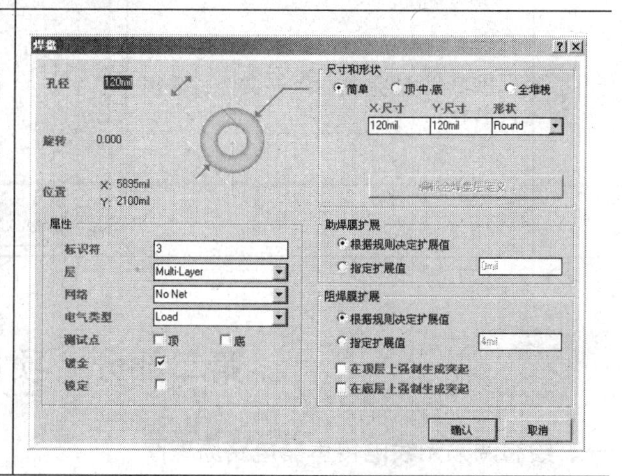

续表

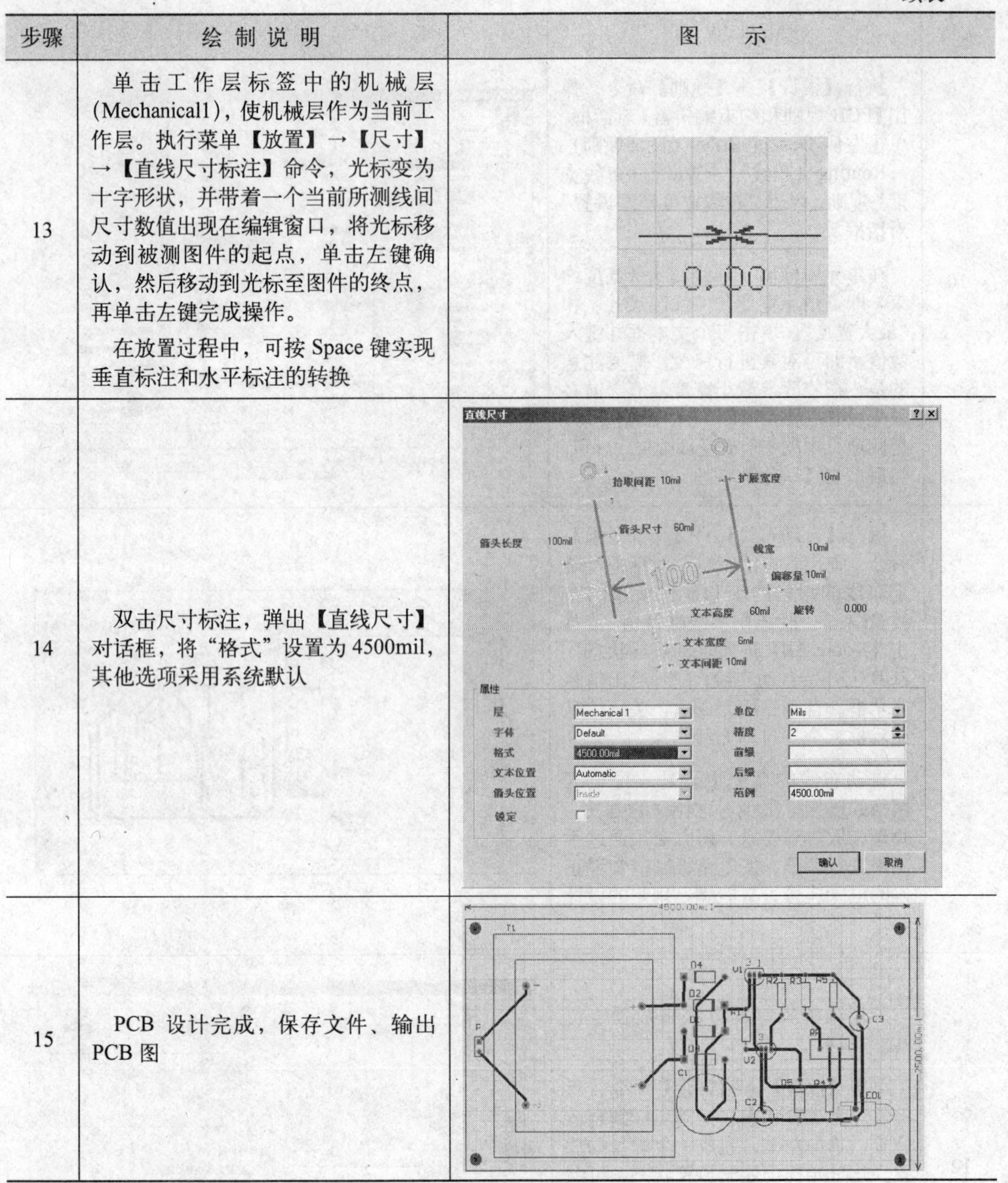

步骤	绘 制 说 明	图　　示
13	单击工作层标签中的机械层(Mechanical1)，使机械层作为当前工作层。执行菜单【放置】→【尺寸】→【直线尺寸标注】命令，光标变为十字形状，并带着一个当前所测线间尺寸数值出现在编辑窗口，将光标移动到被测图件的起点，单击左键确认，然后移动到光标至图件的终点，再单击左键完成操作。 在放置过程中，可按 Space 键实现垂直标注和水平标注的转换	
14	双击尺寸标注，弹出【直线尺寸】对话框，将“格式”设置为 4500mil，其他选项采用系统默认	
15	PCB 设计完成，保存文件、输出 PCB 图	

第二部分　项目实训

一、绘制调频无线电传声器电路原理图

调频无线电传声器电路原理图如图 8-17 所示，根据要求绘制电路原理图，并将绘制过程填写在表 8-7 中。

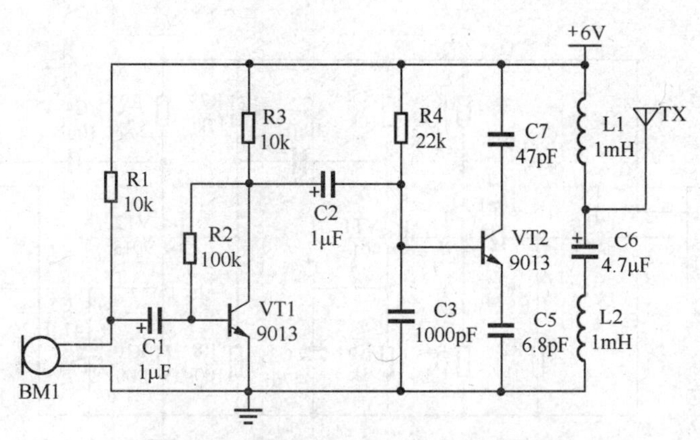

图 8-17　调频无线电传声器电路原理图

表 8-7　绘制过程

步　骤	操 作 过 程	操 作 图 示
1		
2		
3		
4		
5		
6		
7		
8		
9		
10		
11		

二、两级放大电路 PCB 单面板设计

图 8-18 所示为两级放大电路原理图，试进行 PCB 单面板的设计。元件的相关属性如表 8-8 所示。

表 8-8　元件相关属性

标 识 符	注　释	封　装	元 件 库
C1～C5	CapPol1	CAPPR2-5 × 6.8	Miscellaneous Devices.IntLib
P1、P2	Header3、Header2	HDR1x3、HDR1 × 2	Miscellaneous Connectors.IntLib
VT1、VT2	9013	BCY-W3/E4	Miscellaneous Devices.IntLib
R1～R10	Res2	AXIAL-0.4	Miscellaneous Devices.IntLib

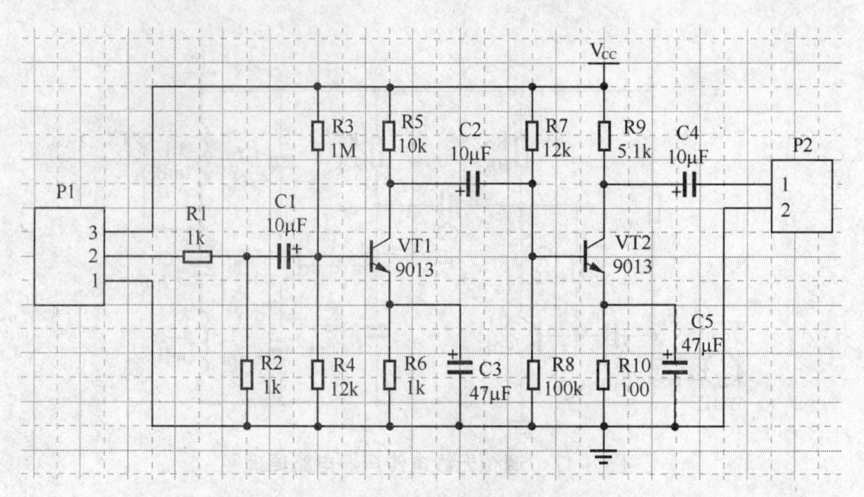

图 8-18 两级放大电路原理图

具体要求如下：电路板大小为 2000mil × 1600mil，采用单面板，导线宽度为 30mil。具体可参照图 8-19 所示。

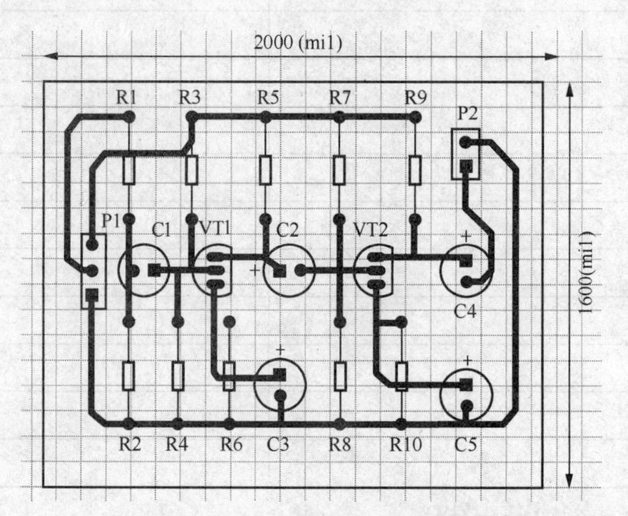

图 8-19 两级放大电路 PCB 图

项目九　印制电路板的制作

学习目标

学习目标		学习方式	学时
知识目标	① 了解如何选择印制电路板； ② 了解印制电路板制作的工艺流程	教师讲授	5课时
技能目标	① 会用计算机辅助设计软件设计简单电路的电路原理图和印制电路图； ② 能人工制作印制电路板	学生根据要求练习，教师指导、答疑。 重点：人工制作印制电路板	

印制电路板是电子设备中重要的组成部分，广泛应用于各类电子仪器仪表、家用电器以及计算机电路中。

第一部分　项目相关知识

一、如何选择印制电路板

1. 板材

印制电路板材料的确定必须考虑电气性能和机械性能，不同的敷铜板材电气性能与机械性能有很大差别，确定板材的依据是整机的性能要求、使用尺寸、整机价格等。

2. 形状

印制电路板的形状通常由整机的外形确定，一般采用长宽比例不太悬殊的长方形，尽量避免异形。在一些批量生产中，常把两三块面积小的印制电路板和主印制电路板共同设计成一个整矩形，待装焊后再沿工艺孔掰开。

3. 尺寸

印制电路板尺寸的确定要考虑整机的内部结构及印制电路板上元器件的数量及尺寸。板上元器件排列彼此间要留有一定的间隔，特别是在高压电路中，要留有足够的间距。在考虑元器件所占面积的同时，要考虑发热元器件所需散热片的尺寸。确定了板的面积后，四周还要留出单边距5～10mm，以便于印制电路板在整机中的固定。

4. 厚度

印制电路板铜箔的厚度有10μm、18μm、35μm、50μm、70μm等。对于导电条较窄的，选取铜箔较薄的板材，否则选取厚的。一般选用35μm和50μm。

敷铜板的标称厚度有0.2mm、0.5mm、0.7mm、0.8mm、1.0mm、1.2mm、1.5mm、1.6mm、

2.0mm、2.4mm、3.2mm、6.4mm 等，最常用的是 1.5mm 和 2.0mm。

二、印制电路板制作的工艺流程

1. 制作掩膜图形

制作印制电路板需要高质量的 1∶1 的掩膜图形，获取掩膜图形的方法如表 9-1 所示。

表 9-1　制作掩膜图形的方法

方　法	简　介
液体感光胶法	液体感光胶法制版的工艺流程是：敷铜板清洁处理→吹干或烘干→上胶→曝光→显影→固膜→修版
感光干膜法	感光干膜法制版的工艺流程是：敷铜板清洁处理→吹干或烘干→贴膜→对孔→定位→曝光→显影→晾干→修版
丝网漏印法	丝网漏印简称丝印，它是在丝网上粘附一层漆膜或胶膜，然后按技术要求将印制电路板图制成镂空图形，漏印时只需将敷铜板在底图上定位，将印制料倒在固定丝网的框内，用橡皮板刮压印料，使丝网与敷铜板直接接触，即可在敷铜板上形成由印料组成的图形

2. 图形的蚀刻

蚀刻又称腐蚀，在生产线上称烂板，是用化学或电化学方法将涂有抗蚀剂并经感光显影后的印制电路板上未感光部分的铜箔腐蚀掉，从而留下焊盘、印制导线及符号等组成的精确线路图形。

常用的蚀刻方式是浸入式。蚀刻剂有三氯化铁、酸性氯化铜、碱性氯化铜、过硫酸铵及铬酸等，其中三氧化铁的价格低廉，毒性较低；碱性氯化铜的腐蚀速度快，能蚀刻高精度、高密度的印制电路板。腐蚀后的清洗，有流水冲洗法和中和清洗法两种。

3. 制造工艺流程

一般印制电路板图形比较简单、要求不高或制作量少的，采用丝网漏印法制作；要求较高的印制电路板，采用光化学转移法制作。印制板的制造工艺流程如表 9-2 所示。

表 9-2　制造工艺流程

类　型	工艺流程简介
单面印制板	单面敷铜箔板→下料→清洁处理→网印线路抗蚀刻图形或贴膜→固化→蚀刻→去抗蚀印料→清洁处理→网印阻焊图形（常用绿油）→固化→网印字符标记图形→固化→钻（冲）孔及外形加工→清洁处理→热风整平或有机保焊膜→电气通断检测→检验包装→成品
双面印制板	双面敷铜箔板→下料→叠板→钻导通孔→清洁处理→导通孔金属化→全板电镀薄铜→清洁处理→网印负性电路图形、固化（干膜或湿膜、曝光、显影）→检验、修板→线路图形电镀→电镀锡（抗蚀镍/金）→去印料（感光膜）→蚀刻→退锡→清洁处理→网印阻焊图形（贴感光干膜或湿膜、曝光、显影、热固化，常用感光热固化绿油）→清洁处理→网印标记字符图形、固化→外形加工→清洁处理→热风整平或有机保焊膜→电气通断检测→检验包装→成品
多层印制板	内层敷铜箔板双面开料→清洁处理→钻定位孔→贴光致抗蚀干膜或涂覆光致抗蚀剂→曝光→显影→蚀刻与去膜→内层粗化、去氧化→内层检查→层压→数控钻孔→孔检查→孔前处理与化学镀铜→全板镀薄铜→镀层检查→贴光致耐电镀干膜或涂覆光致耐电镀剂→面层底板曝光→显影、修板→线路图形电镀→电镀锡铅合金或镍/金镀→去膜与蚀刻→检查→网印阻焊图形或光致阻焊图形→印制字符图形→热风整平或有机保焊膜→数控洗外形→清洁处理→电气通断检测→检验包装→成品

三、人工制作印制电路板

人工制作印制电路板的方法较多，以热转印法和感光板法为例。

1．热转印法

热转印法是将计算机设计好的印制电路板图，利用激光打印机打印到热转印纸上，通过加热把图形拓印到敷铜板上，再经过腐蚀来完成制板。其特点是制板精度高、速度快、成本较低。制作过程要领如表 9-3 所示。

表 9-3 热转印法

步骤	任务	简　介	图　示
1	画图	根据电路要求和实际元器件的大小，利用 Protel 软件绘制出所要用的印制电路板图	
2	选纸	取出热转印纸（白色的效果比黄色的效果更好），若制作的电路板较小，则可用切纸刀裁剪一下	热转印纸　切纸刀
3	打印	将由 Protel 软件画好的印制电路板图，通过打印机（激光机最细 0.2mm，喷墨机最细 0.3mm）打印到热转印纸上（注意不要打印顶层丝印图）	

续表

步骤	任务	简　介	图　示
4	预热与下料	打开热转印机电源开关，调节温度在 180℃左右，预热 5～10min。 在热转印机预热期间可按照打印出来的印制电路板图，根据电路设计要求选择不同类型的敷铜板；将敷铜板与绘图纸按 1∶1 的比例稍大于尺寸用小刀沿直尺刻划或用钢锯条切割裁定；清除板四周的毛刺，保持清洁。 用细砂纸对敷铜板进行稍稍打磨，将敷铜板表面的氧化层去掉	 裁切敷铜板 　打磨基板
5	热转印	将热转印纸上的碳粉通过热转印机或用家用电熨斗转印到敷铜板上，保持板面整洁	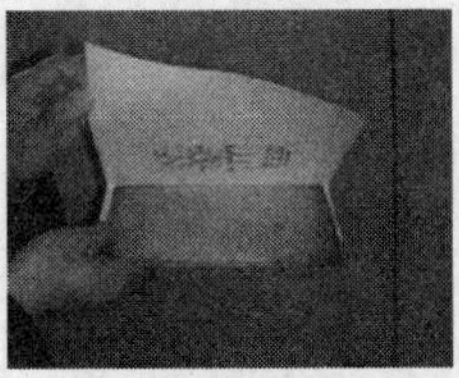 贴粘热转印纸 　热转印机进板 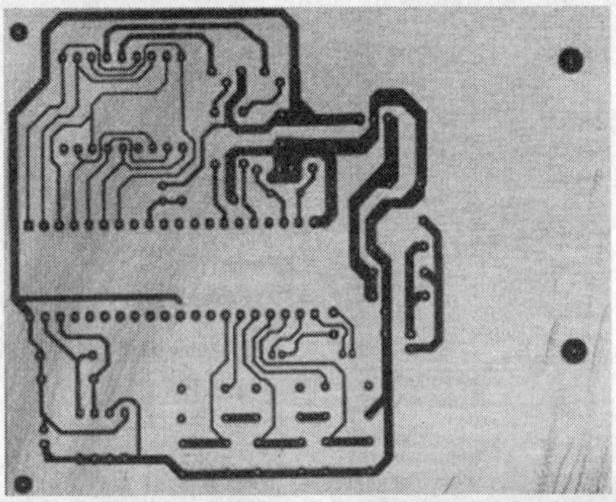
6	修版	仔细查看打印在敷铜板上的图纸上的线条，若发现有麻孔、缺口或断线以及印制的碳粉厚薄不匀等现象，则可用极细油性记号笔，对其进行描绘填补、修饰	 油性记号笔 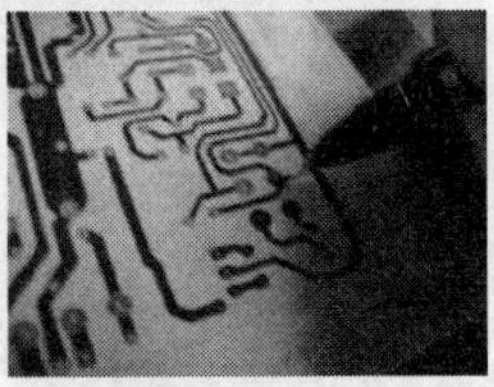　描绘填补、修饰
7	配置腐蚀液	将固体三氯化铁按 100g 与 200ml 水的比例放置在塑料容器中，搅拌，配置成三氯化铁腐蚀溶液，先放三氯化铁后加水。 若要快速腐蚀，可增加浓度、提高温度（65℃以内）	 三氯化铁 　腐蚀液

续表

步骤	任务	简　介	图　示
8	腐蚀	将热转印完毕后的敷铜板完全浸入配置好的腐蚀液中腐蚀，时间 10～30min。 在腐蚀过程中可以不停地搅拌或晃动容器来加快腐蚀速度。搅拌时，搅拌工具不要伤及印制电路板	
9	清洗并修板	腐蚀完毕后，取出印制电路板用清水反复冲洗，再烘干。 也可以用细砂纸打磨，将黑色碳粉清洗干净；或用锋利的刀具清除板上的毛刺，再用碎布擦净污物，用清水冲洗后烘干	
10	钻孔	根据元器件大小、引脚粗细选择合适直径钻头装到微型台钻上，将钻头的尖部垂直对准焊盘上的小眼，通电钻孔。 ① 一般电阻器、电容器和三极管引脚孔可选择直径为 1mm 的钻头。 ② 孔的直径在 2mm 以下时，采用高速（4000r/min）钻孔；直径在 3mm 以上的孔，转速可相应低一些。 ③ 对要求精度较高的孔，最好先打样孔。打孔时用力不宜过大、过快，以免造成孔移位和折断钻头	微型台钻钻孔
11	补孔	一块印制电路板少则几十个孔、多则几百甚至上千个孔，手工操作漏钻几个孔是常有的事，在焊接元器件时发现了，就要用手电钻补钻孔	

续表

步骤	任务	简　介	图　示
12	成品	完整、美观的成品电路板	

2. 感光板法

感光板法制作印制电路板操作较为简便，所制作的电路板线条较为精细，在大面积接地和粗线条电路上效果好，但在细线条上需要有一定的曝光经验才可以制作出与热转印法制作电路板相媲美的细线条。在没有激光打印机的条件下这是最佳的方法。制作过程要领如表 9-4 所示。

表 9-4　感光板法

步骤	任务	简　介	图　示
1	画图	同热转印法	
2	选纸	取出制版硫酸转印纸（又称硫酸纸），若制作的电路板较小，则可用切纸刀裁剪一下	硫酸纸　切纸刀
3	打印	用打印机将印制电路板图打印到制版硫酸转印纸上制成透明胶片，打印完后用剪刀将多余的部分剪掉	
4	修版	同热转印法	

续表

步骤	任务	简　介	图　示
5	取材	按稍大于印制电路板图的尺寸，从大感光板上取材，撕掉感光板上的白色薄膜即可看到绿油油的油墨。 将打印好的胶片有碳粉的打印面与感光板对齐，并紧密接触，越紧密解析度越好	 感光板 　感光板面上的白色薄膜  撕掉薄膜后的感光板
6	曝光	用两块玻璃将感光板和胶片夹在中间，保持平整，然后放置到日光灯下，准备曝光。曝光的时间与曝光光源的照射强度、距离以及不同厂家生产的感光板对曝光时间的具体要求都有密切关系。 ① 用 9W 日光灯曝光，距离 4cm（玻璃至灯管间距）透明稿 8～10min，半透明稿 13～15min。 ② 用太阳光曝光，强太阳光透明稿 1～2min，半透明稿 2～4min；弱日光透明稿 5～10min，半透明稿 10～15min。 ③ 曝光完毕后保存好胶片以便今后制作同样的电路板时再用	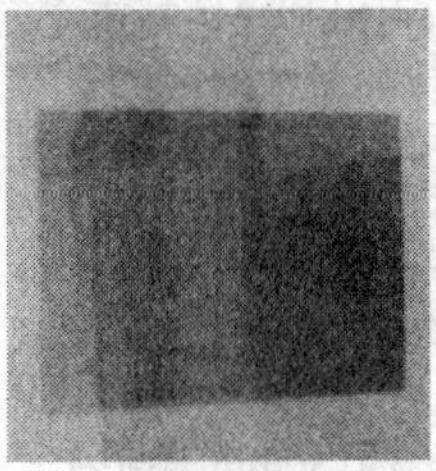 用玻璃夹好 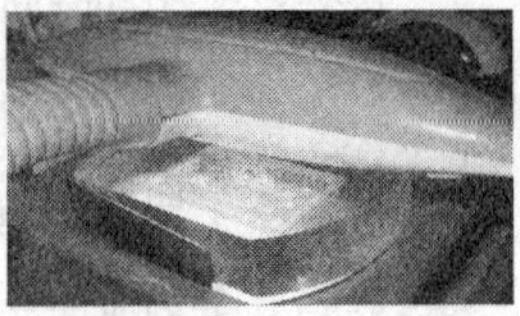　开始曝光
7	配置显影液	用塑料盆（不要用金属盆）将显影剂与水（不要用纯净水）按 1∶20 的比例配制好。显影液越浓，显影速度越快，过快会造成显影过度（电路会全面模糊缩小）；过稀则显影很慢。 加水后轻轻摇晃或用工具不断搅拌，使显影剂充分溶解于水中。 显影剂及显影液要妥善保管，远离孩童，切勿误食。误入眼睛、接触皮肤则应立即用水清洗。显影完毕的显影液今后还可以继续使用，要妥善保存	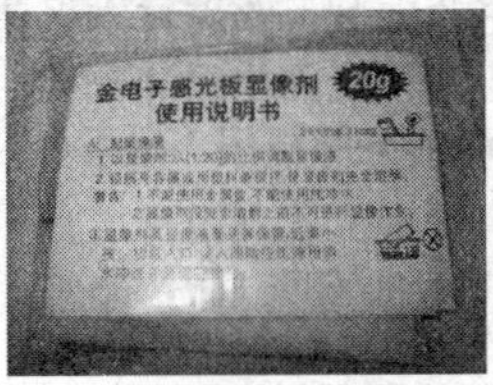 显影剂 　显影剂放入容器中 自来水 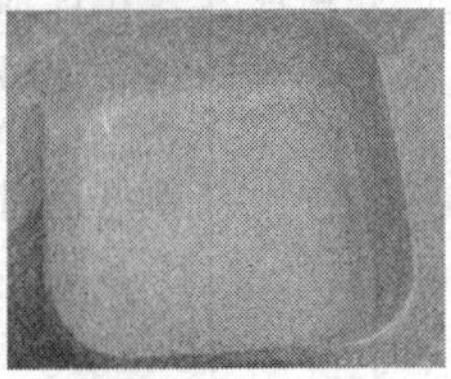　配制好的显影液

续表

步骤	任务	简　　介	图　　示
8	显影	将曝光后的感光板放入显影液中，绿色感光膜面向上，会有绿色雾状冒起，油墨被慢慢地溶解，线路渐渐显露，显影后的感光板上线路非常清晰。显影时间一般在 5min 左右。 在显像过程中不断地晃动塑料盆，可以加快显影的速度。 显影完成后用水稍微冲洗，晾干，检查板面线路是否有短路或开路的地方，短路的用小刀刮掉，断路的用油笔修补	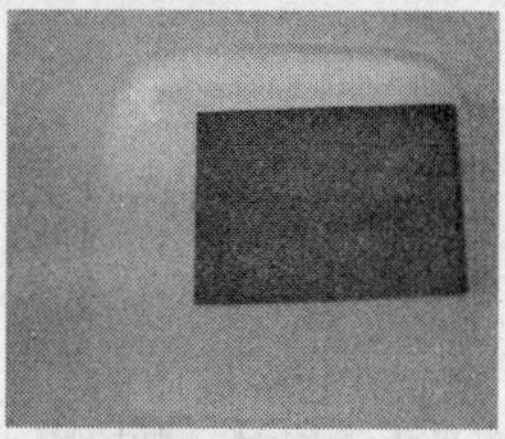 电路板放入显影液中 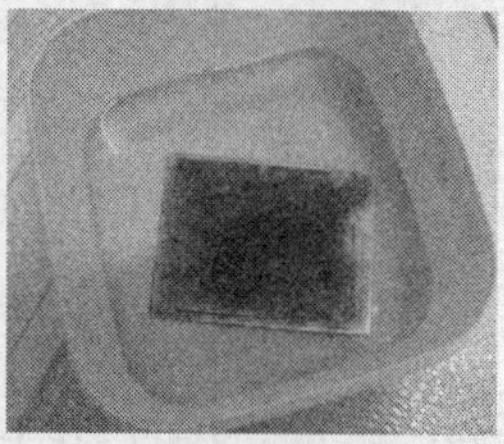　晃动塑料盆 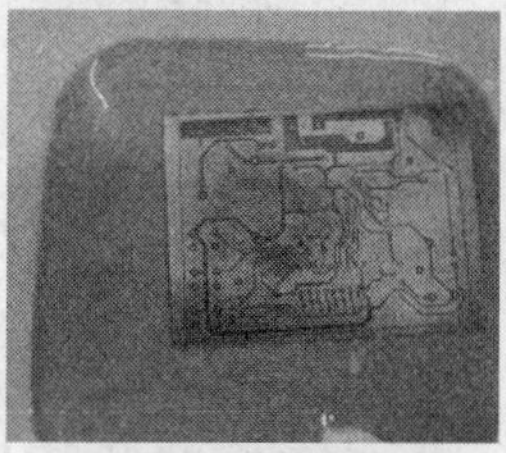 显影后的电路板 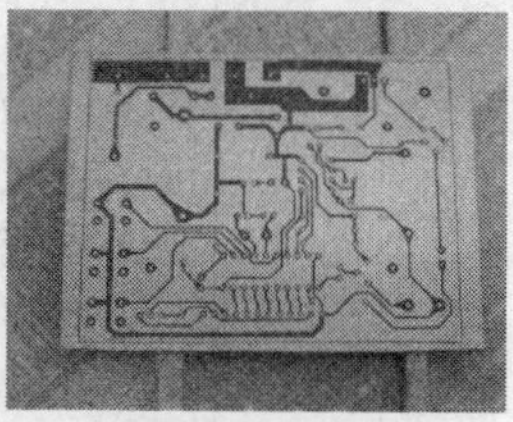　清洗过的电路板
9	蚀刻	将蓝色环保蚀刻剂放入塑料盆中（不要用金属盆），按说明进行调配，用热水可以加快蚀刻速度，节约时间。待环保蚀刻剂充分溶于水中后即可将已显影的电路板放入盆中进行蚀刻，有线路的一面朝上。蚀刻的过程中不断晃动塑料盆，使蚀刻均匀并可加快蚀刻速度。 蚀刻时间大约 50min，蚀刻完成后将印制电路板取出用水轻轻冲洗，晾干	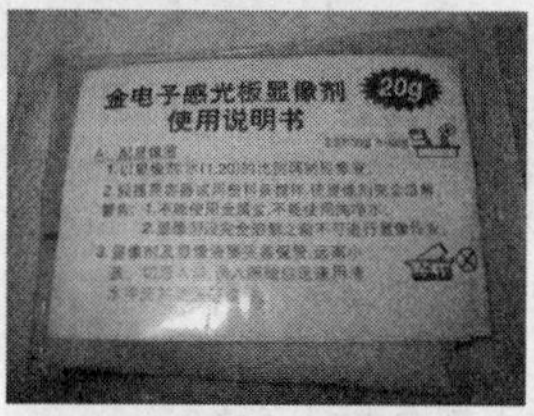 蓝色环保蚀刻剂 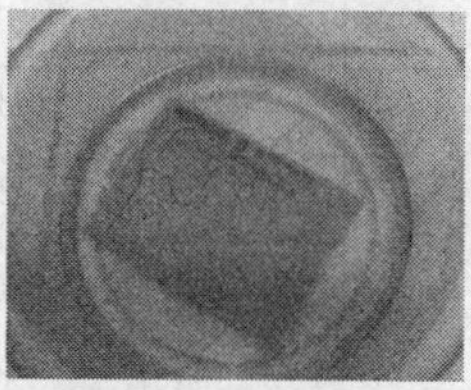　电路板放入蚀刻液中  腐蚀后的电路板 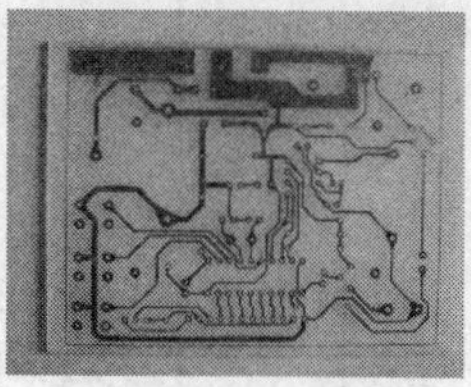　清洗晾干后的电路板
10	涂阻焊层	用细砂纸将印制电路板打磨光亮后，涂上紫外光固化绿油，大约是 150cm^2 的电路板用 1.5mL。 把只印有焊盘位置（锡膏层）的透明胶片有油墨的一面，贴到涂好绿油的印制电路板上，用刮片（废电话卡剪成 1cm 左右宽）慢慢地把绿油刮开，尽量刮薄一些，使绿油均匀分布在印制电路板上，并把膜下的气泡挤出来，刮好后对一下焊盘位置。 夏天正午的太阳光曝光 10～15min；用 11W 节能灯曝光 30～40min。	 紫外光固化绿油 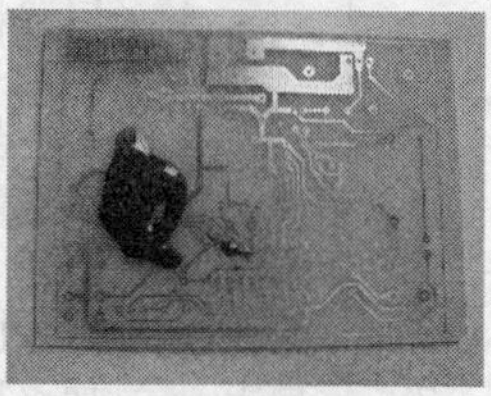　涂感光绿油

续表

步骤	任务	简 介	图 示
10	涂阻焊层	电路板上没有碳粉遮挡的地方经过紫外线曝光后，绿油由液态变成了固态；焊盘处因有碳粉遮挡，没有被曝光，一直是液体。揭膜后用汽油将它们洗去，剪裁修边	透明胶片　铺开绿油　太阳光下曝光　或　节能灯下曝光
11	钻孔	同热转印法	
12	补孔	同热转印法	
13	成品	完整、美观的成品单面电路板	

四、印制电路板生产中的环境保护

印制电路生产过程中所产生的废水、废气和固体废料，简称印制电路生产中的“三废”。其处理措施如表 9-5 所示。

表 9-5　印制电路板生产中的“三废”处理

类型	工序举例	污染来源	处 理 方 法
废水	制版	显影液和定影液	化学沉淀法、离子交换法、电解法、蒸发回收法、电渗析法和反渗透法
废气	蚀刻	酸性或碱性废气	酸性用稀氢氧化钠溶液吸收，碱性用稀硫酸吸收，粉尘和其他废气高空排放
废料	机加工	边角料	放入废蚀刻液中化学处理

印制电路板的清洁生产，要求节约原材料和能源，取消有毒的原材料，减少各种废物的排放量和毒性。可采取的预防方案有加强管理、回收利用、改革工艺和改进生产设备等。

第二部分　项目实训

一、制作十位旋转彩灯单面印制电路板（教师自定）

十位旋转彩灯电路原理图如图 9-1 所示。全班同学分组进行其单面印制电路板的制作，并完成表 9-6 中的项目填写。

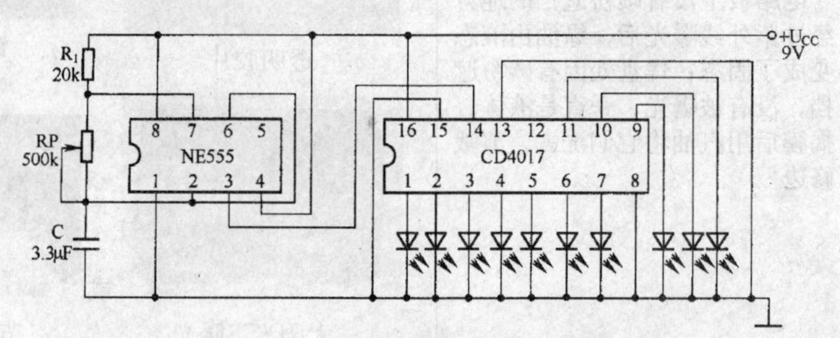

图 9-1　十位旋转彩灯电路原理图

表 9-6　制作单面印制电路板

班　级		组　别		姓　名	
工艺流程图					
制作过程简介					
印制电路板成品图					

二、制作声、光控制延时开关的单面印制电路板（教师自定）

1. 电路图的识读

声、光控制延时开关电路图如图 9-2（a）所示。它由 5 个单元电路组成，如表 9-7 所示。通电后，如果环境光线较暗时，只要靠近开关发出声响，灯泡将自动点亮并持续一段时间后，自动熄灭。

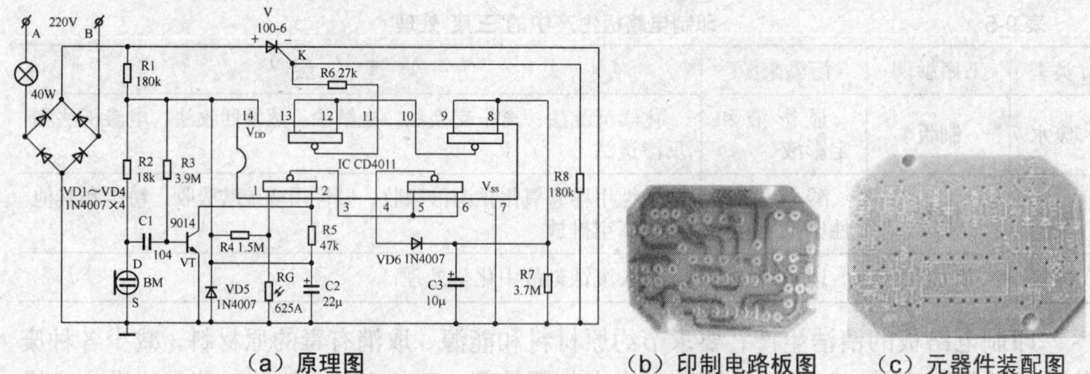

（a）原理图　（b）印制电路板图　（c）元器件装配图

图 9-2　声、光控制延时开关电路

表 9-7 电路说明

单元电路	核心元器件	功能与作用
光电与声电转换	光敏电阻器 RG	将光信号转换为电信号
	驻极体话筒 BM	将声信号转换为电信号
直流电源电路	二极管 VD1～VD4	将 220V 交流电整流转换为直流电
	电阻器 R1，电容器 C2	构成 RC 滤波电路，为集成与非门 IC 和三极管 VT 等元器件提供 12V 直流工作电源
电子开关电路	晶闸管 V	控制灯泡两端交流电压
声、光控控制电路	三极管 VT，集成与非门 IC，二极管 VD6 等	输出触发信号控制晶闸管 V 的导通
延时电路	电容器 C3，电阻器 R7	使灯泡被点亮的状态能持续一段时间

声、光控制延时开关电路元器件参数如表 9-8 所示。

表 9-8 电路元器件参数

元件符号	元件名称	参数	数量	元件符号	元件名称	参数	数量
RG	光敏电阻器	RG625A	1	C1	电容器	104	1
R_1、R_8	电阻器	180kΩ	2	C2		22μF	1
R_2		18kΩ	1	C3		10μF	1
R_3、R_7		3.9MΩ	2	VT	三极管	9014	1
R_4		1.5MΩ	1	V	晶闸管	100-6	1
R_5		47kΩ	1	IC	集成电路	CD4011	1
R_6		27kΩ	1	BM	驻极体话筒	两端式	1
VD_1～VD_6	二极管	IN4007	6				

2. 制作印制电路板

按照人工制作印制电路板的方法，制作出印制电路板如图 9-2（b）、图 9-2（c）所示。

项目十　电子电路的调试

学习目标

学习目标		学习方式	学时
知识目标	了解一般电子电路的调试方法	教师讲授	8 课时
技能目标	① 会选择、配置和使用调试用仪器、仪表及工具； ② 掌握电路故障分析和排除方法； ③ 会调试收音机电路和串联型稳压电源电路	学生实际操作，教师指导调试。 重点：调试方法、故障分析、仪器配置	

由于元器件特性参数的分散性、装配工艺的差异性以及其他因素的干扰，使得装配完毕的电子电路不能满足设计的性能要求，需要利用仪器、仪表，运用一定的方法进行测试与调整来发现、纠正、弥补错误，以达到或超过所规定的功能、技术指标和质量标准。

第一部分　项目相关知识

一、调试知识

调试包括测试和调整两个方面。

测试主要是用规定精度的仪器仪表对电路的各项技术指标和功能进行测量和试验，并与设计指标进行比较，以判断其是否符合规定要求；调整主要是对电路参数的调整，一般是通过对电路中的电位器、可变电阻器、微调电容器、可调电感磁芯等可调元器件以及与电气指标相关的调谐系统、机械部分等的调整，使之达到预定的性能指标和功能要求。

测试与调整相互依赖、相互补充，是一项工作中的两个方面，是对装配技术的总检查，一般要严格按照调试工艺文件进行。

1. 调试的准备

调试的准备事项如表 10-1 所示。

表 10-1　　调试的准备

类　型	简　　介
人员	① 熟悉仪器仪表和测试设备的使用环境要求及功能，并能灵活运用。 ② 了解被调试产品的工作原理、调试目的、要求达到的技术性能指标和测试条件。 ③ 理解调试工艺卡，明确调试项目、方法、步骤及注意事项。 ④ 按安全操作规程做好上岗准备，图纸、文件、工具、备件等放在适当的位置上

续表

类 型	简 介
技术文件	① 准备好产品技术条件、技术说明书、电路原理图、方框图、印制电路板图、装配图、零件图、检修图、调试工艺卡（参数表和程序）、质检程序与标准等技术、工艺和质量管理的文件。 ② 掌握文件内容
仪器设备	① 按照技术条件的规定，准备好测试所需要的各类仪器设备。 ② 所用仪器、仪表符合计量标准和调试要求，并在有效期之内，符合技术文件的规定，满足测试精度范围的需要，并按要求放好位置
场地	① 调试场所整齐、清洁，保持适当的温度与湿度，按要求布置好。 ② 能避免激烈的震动和高频、高压、强电磁场的干扰，有屏蔽间调试高频电路。 ③ 工作台及工作场地铺设绝缘胶垫或防静电垫板

2. 调试的一般流程

一般电子产品的调试过程大致如图 10-1 所示，其中故障检测与排除占了很大比例。

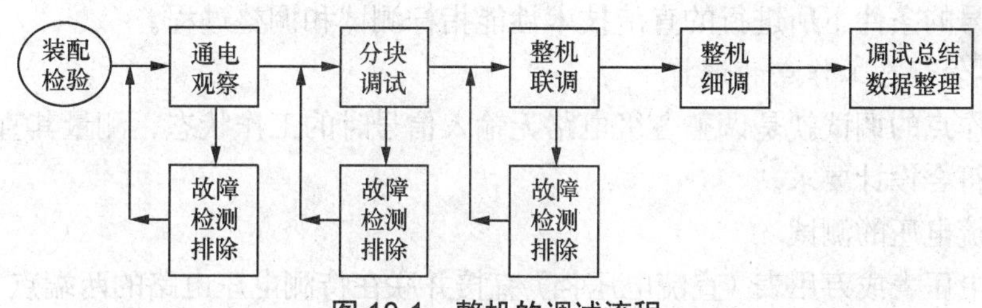

图 10-1 整机的调试流程

调试的一般规律是：先部件后整机，先内后外，先结构后电气，先电源电路后单元电路，先静态指标后动态指标，先独立项目后相互影响的项目，先基本指标后影响较大的指标。

（1）整机的调试流程

整机调试的基本流程如图 10-2 所示。

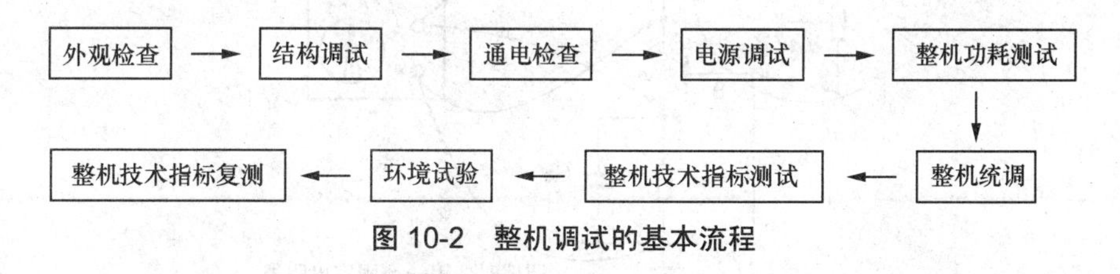

图 10-2 整机调试的基本流程

（2）单元电路的调试流程

任何复杂电路都是由一些基本单元电路组成，单元电路调试的基本流程如图 10-3 所示。

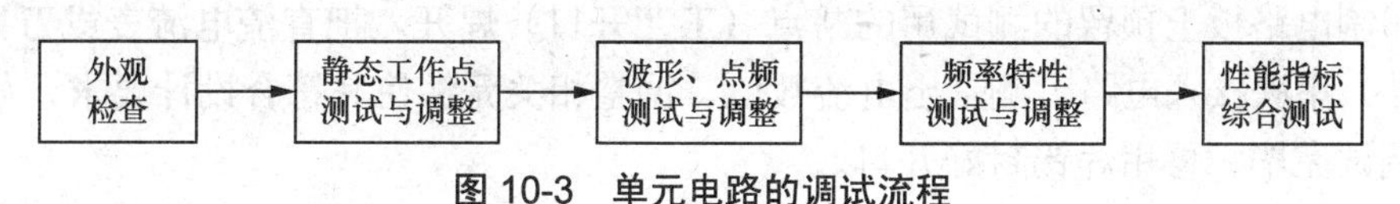

图 10-3 单元电路的调试流程

(3) 调试电路的检查

调试前检查被调试电路是否按电路设计要求正确装配，有无虚焊、脱焊、漏焊；元器件与性能指标是否相符，功能选择开关、面板元器件的位置是否正确。

① 检查电路连线是否正确，包括错线、少线和多线。根据电路原理图的连线，按一定顺序逐一检查安装好的线路；或用实际线路对照电路原理图进行查线。可用指针式万用表×1Ω 挡，或数字式万用表欧姆挡的蜂鸣器来测量。

② 元器件的安装。检查元器件引脚之间有无短路，连接处有无接触不良，二极管、三极管、集成电路和电解电容器极性等是否连接有误。

③ 电源供电电压（极性）、信号源连线、直流极性是否正确。

④ 交流、直流电源端对地是否存在短路。

经检查确认无误的电路，方可按调试操作程序进行通电调试。

二、电路静态的测试与调整

交流、直流并存是电子电路的一个重要特点，一般情况下直流为交流服务，直流是电路工作的基础。所以，电子电路的调试有静态调试和动态调试之分。静态调试是指在没有外加输入信号的条件下所进行的直流技术性能指标测试和调整过程。

1．晶体管静态工作点的调整

静态工作点的调试就是调整各级电路无输入信号时的工作状态，测量其直流工作电压和电流是否符合设计要求。

(1) 直流电压的测试

将直流电压表或万用表（直流电压挡）直接并联在待测电压电路的两端点上进行测量，并调整相关元件使其符合设计要求，如图 10-4 所示。

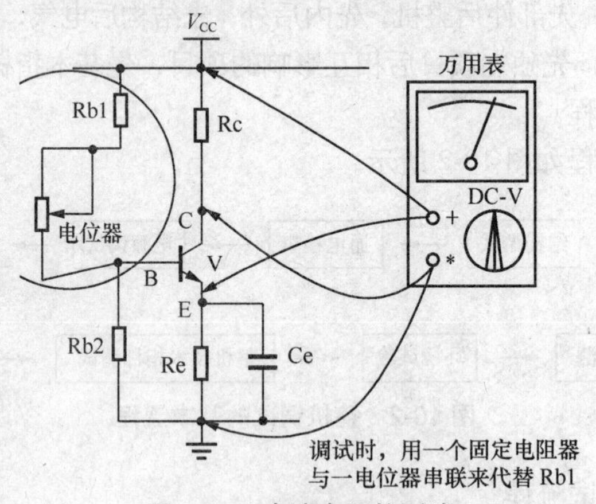

图 10-4　直流电压的测试

(2) 直流电流的测试

将印制电路板上预留的测试用的断点（工艺开口）焊开，把直流电流表或万用表（直流电流挡）串联接入电路，测量出电流数值，调整相关元件使其符合设计要求，如图 10-5 所示。调试完毕，再用焊锡封好开口。

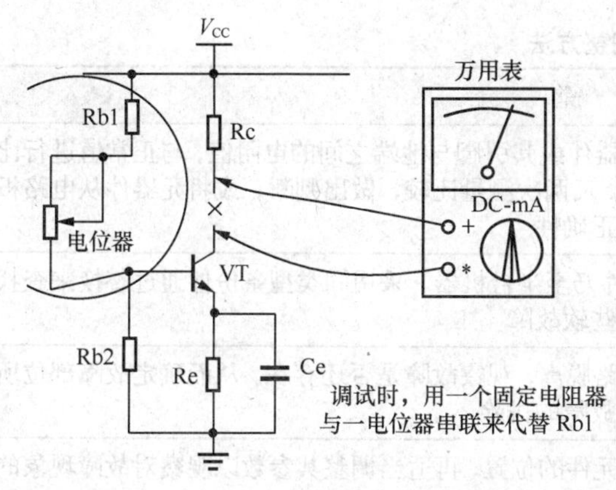

图 10-5 直流电流的测试

2. 集成电路静态的调整

集成电路一般是测量各引脚对地直流电压与正常值的比较，来判断是否工作正常，再进行调整。

数字集成电路一般是测试其输出电平的大小，或各输入端和输出端的高、低电平值及逻辑关系，以此来判断电路工作情况，并调整电路参数，使其符合设计要求。图 10-6 所示为 TTL 与非门输出电平测试图，R_L 为规定的假负载。

运算放大器除测量正、负电源是否正常外，主要测试在输入为零时，输出端是否接近零电位，调零电路起不起作用，如图 10-7 所示。当运放输出直流电位始终接近正电源电压值或负电源电压值时，说明运放处于阻塞状态，可能是外电路没有接好，也可能是运放已经损坏；如果调零电位器不能使输出为零，除了运放内部对称性差外，也可能是它处于振荡状态，所以在运算放大器直流工作状态调试时，最好接上示波器进行监视。

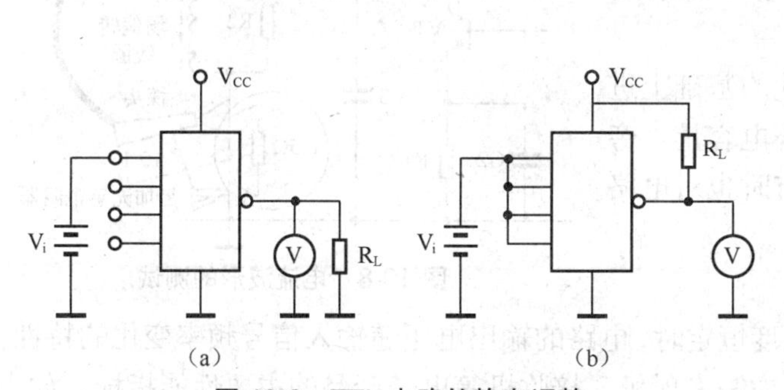

图 10-6 TTL 电路的静态调整

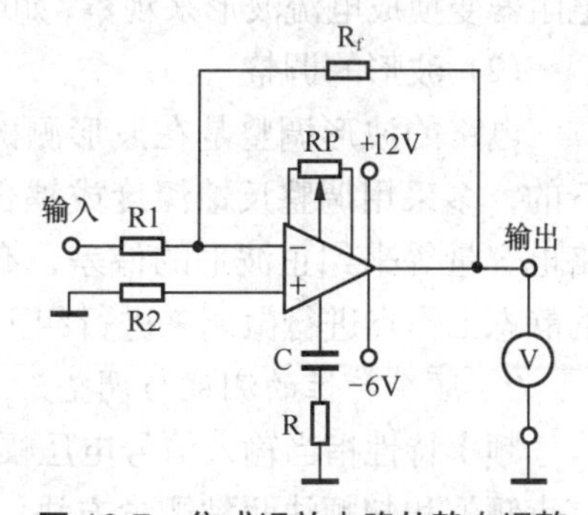

图 10-7 集成运放电路的静态调整

3．电路静态调整的方法

完成电路的测试，并对测试结果进行分析，确定静态调整的方法与步骤后，即可对电路进行静态调整。调整方法简介如表 10-2 所示。

表 10-2 电路调整方法

方 法	简 介
电阻法	用万用表的欧姆挡测量所怀疑的元器件或其引脚与地端之间的电阻值，与正常值进行比较，从中发现故障所在。一般是作正、反两次测量比较，做出判断；或将元器件从电路板上取下进行检测，以确认在路检测的正确性
替代法	对可疑的元器件、部件、插板、插件乃至半台机器，采用同类型备份件通过替换来查找故障。比较适合元器件性能变值或一些软故障
开路法	将被怀疑的电路和元器件与整机电路脱离，观察故障是否还存在，从而确定故障部位所在。主要用于整机电流过大等短路性故障的排除
变动可调元件法	对有可调元件的电路先记录好可调元件的位置，再适当调整其参数以观察对故障现象的影响。一旦发现故障不是出在这里时，就立即恢复到原来的位置

三、电路动态的测试与调整

动态测试是测试电路的信号波形和频率特性，或相关点的交流动态范围等。动态调整是调整电路的交流通路元件，使电路相关点的交流信号的波形、幅度、频率等达到设计要求。有时还需要对电路的静态工作点进行微调，以改善电路的动态性能。

1. 波形的测试与调整

静态工作点正常以后，便可进行波形、点频（固定频率）的调试。测试单元电路板的各级波形时，一般需要在单元电路板的输入端输入规定频率、幅度的交流信号。

（1）波形的测试

波形测试主要是用示波器测量电路中关键点的波形及波形中的各项参数，与技术资料给出的标准波形进行比较，以发现故障所在。通常观测的是电压波形，有时也可用电流探头或电阻器变换成电流波形来观察，如图 10-8 所示。

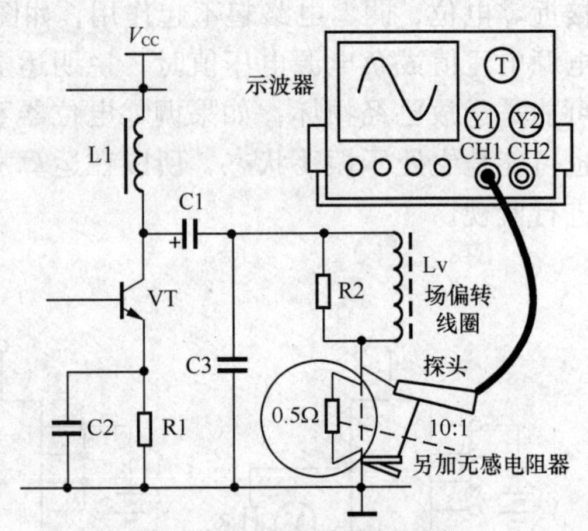

图 10-8 电流波形的测试

（2）波形的调整

电路的波形调整是在波形测试的基础上进行的，多采用调整反馈深度或耦合电容量、旁路电容量等来纠正波形的偏差，有时也对电路的静态工作点进行微调来进行纠正。

2. 频率特性的测试与调整

频率特性指当输入信号电压幅度恒定时，电路的输出电压随输入信号频率变化的特性，有点频法和扫频法两种测量方法。它是发射机、接收机等电子产品的主要性能指标，如决定收音机选择性好坏的中频放大器频率特性，决定电视机图像质量好坏的高频调谐器及中频通道频率特性等。

（1）点频法

用一般的信号源（常用正弦波信号源），向被测电路提供所需的等幅、变频的输入电压信号，用毫伏表监测被测电路的输入电压和输出电压，如图 10-9（a）所示；再在频率－电压直角坐标平面描绘出点，并连成光滑曲线，如图 10-9（b）所示。点频法测试原理简单，但烦琐费时，准确度不高，多用于低频电路。

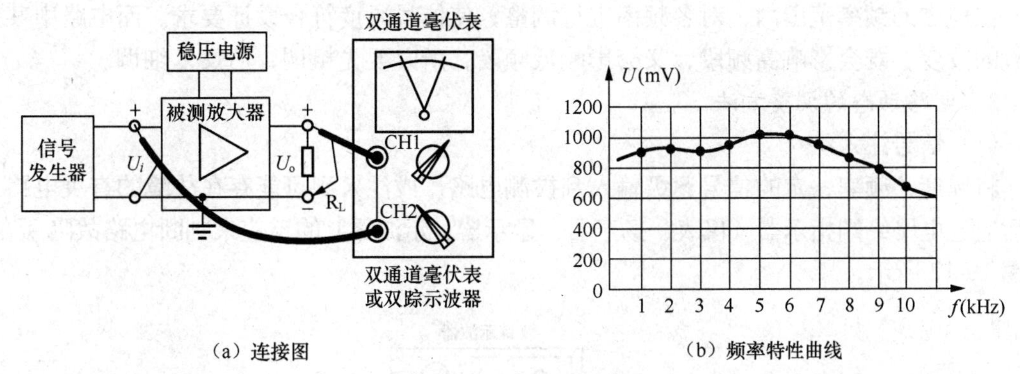

（a）连接图　　（b）频率特性曲线

图 10-9 点频法测试

（2）扫频法

用专用的频率特性测试仪（简称扫频仪），直接测量并显示出被测电路的频率特性曲线，如图 10-10 所示。扫频法测试过程简单、快捷，准确度高，多用于谐振电路和高频电路。

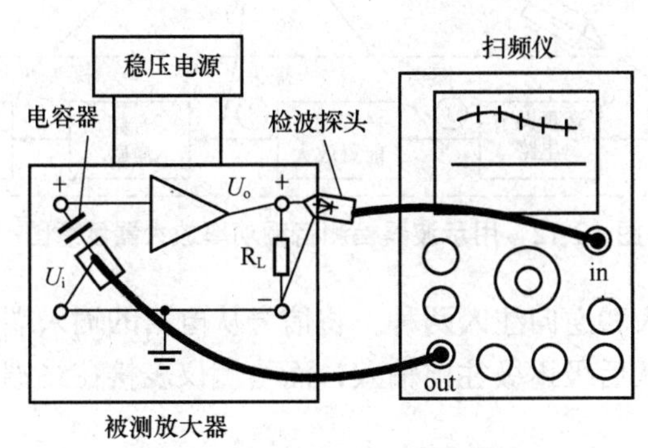

图 10-10 扫频法测试连接图

（3）方波法

在被测电路的输入端输入一个前沿很陡的阶跃波或矩形脉冲，观测输出端示波器上的输出波形变化来判断电路的频率响应，如图 10-11（a）所示。输出波形如图 10-11（b）所示，①为正常波形；②高频响应不够宽；③低频增益不足；④低频响应不足。

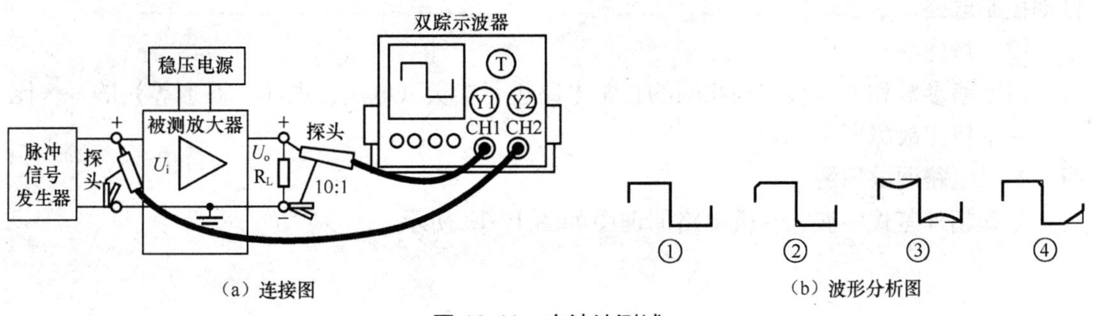

（a）连接图　　（b）波形分析图

图 10-11 方波法测试

(4) 频率特性的调整

在规定的频率范围内，对各频率进行调整，使信号幅度符合设计要求。而电路中某些参数的改变，既会影响高频段，又会影响低频段，所以要先粗调，后反复细调。

3. 电路动态的调整方法

(1) 信号注入法

将幅度、频率一定的信号逐级输入到被测电路，或注入到可能存在故障的有关电路，然后通过电路终端指示器（仪表、扬声器、显示器、示波器）的反应来判断电路故障所在，如图 10-12 所示。

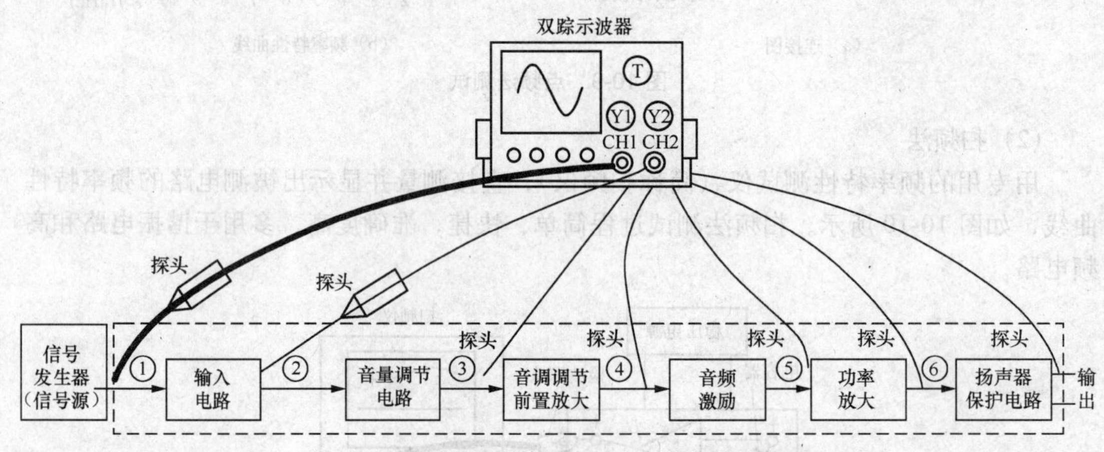

图 10-12 用示波器检测音频功率放大器示意图

信号注入有顺向注入和逆向注入两种。将信号从电路的输入端输入，然后逐级进行检测是顺向注入；将信号从后级逐级往前输入，而检测仪表接在终端不动是逆向注入。

(2) 短路法

临时把电路中的交流信号对地短路，或是对某一部分电路短路，从而发现故障所在。有交流短路和直流短路两种。

用一只相对某一频率近于短路的电容器（如收音机检波电路选用 0.1μF，低放电路选用 100μF），短接电路中的某一部分或某一元器件为交流短路，如检查有噪声、交流声、杂音以及有阻断故障的电路；用一根短路线直接短路某一段电路为直流短路，如检查振荡电路、自动控制电路。

(3) 对比法

将电路参数和工作状态与相同的正常电路进行参数（电流、电压、波形等）的一一比对，从中找出故障所在。

四、整机电路调试举例

七管超外差式中波收音机电路原理图如图 10-13 所示。

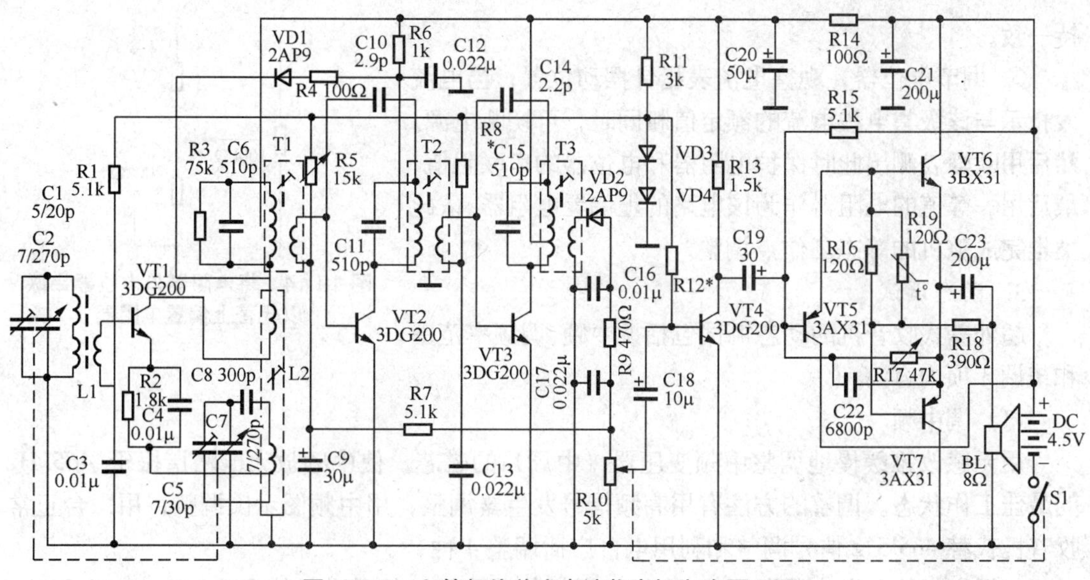

图 10-13 七管超外差式中波收音机电路原理图

1. 调整前的准备

调整前的准备如表 10-3 所示。

表 10-3 调整前的准备

类 型	简 介
设备准备	准备好无感改锥、电烙铁、助焊剂、焊锡、示波器、毫伏表、信号发生器、万用表、电源及相应引线电缆等
外观检查	查看电路板各元件的安装是否正确，焊点有无漏焊、虚焊和桥接。 安装的正确性包括各级的晶体管是否按设计要求配套选用，输入回路的磁棒线圈是否套反，中周的位置、输入、输出变压器是否装错，各焊点的焊接是否正确，多股线有无断股或散开现象，元器件裸线是否相碰，机内是否有锡珠、线头等异物
通电检查	将万用表电流挡串联在电源和收音机之间，观察整机总静态电流的大小。收音机总静态电流在 10mA 左右，若电流过大，说明电路可能存在短路；电流过小或无电流，表示电路存在断路

2. 静态调试

调整晶体管的工作点就是调整它的偏置电阻（通常是上偏置电阻），使它的集电极电流处于电路设计所要求的数值。一般从最后一级开始，逐级往前进行。

① 检查每个单节电池的电压是否为 1.5V。

② 将双联电容器调至无电台的位置，将天线线圈的初级或次级两端点临时短路，使收音机处于无信号输入状态。

③ 将被调整的单元电路的上偏置电阻器用一个保护电阻器和一个电位器串联代替。保护电阻器的阻值取电路原理图中上偏置电阻的一半，电位器的阻值取电路原理图中上偏置电阻的 1～2 倍，如图 10-14 所示。

④ 将电流表串入集电极电路中，电流挡位调整为 10mA 挡，注意表笔极性应与电路保

持一致。

⑤ 调节电位器，观察电流表指针摆动位置，当电流表指示与该级集电极电流的额定值相同时，可切断电源。然后用欧姆表测出此时保护电阻器和电位器的串联阻值，最后用一等值的电阻器作为该电路的上偏置电阻器。依此类推完成整机的静态工作点调整。

50kΩ
100kΩ
200kΩ

图 10-14 将电阻器与电位器串联以代替上偏置电阻器

3. 动态调试

超外差式收音机的动态调试包括调中频、调频率范围和统调 3 项内容。

(1) 调中频

用无感改锥缓慢地调整中频变压器（中周）的磁芯，使中频放大电路谐振于 465kHz 的最佳工作状态。调整的方法有用高频信号发生器调整；用中频图示仪调整；用一台正常收音机代替 465kHz 信号调整和利用电台广播调整 4 种。

如用高频信号发生器发出的 465kHz 调幅信号为标准信号进行的调整如图 10-15 所示。

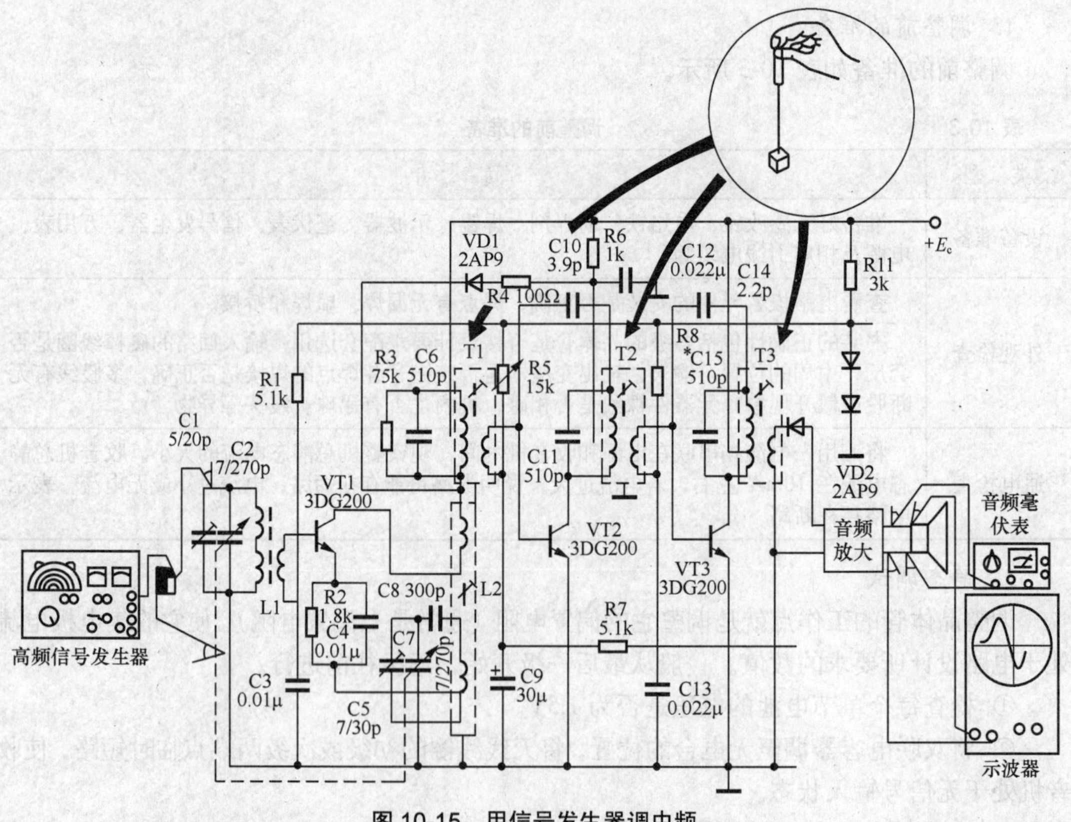

图 10-15 用信号发生器调中频

从天线输入频率为 465kHz、调制度为 30%的调幅信号，由小到大缓慢调节信号发生器的输出，当扬声器里能听到信号的声音时，即可调整中频变压器磁芯。从后向前逐级反复调整，直到示波器波形失真最小，毫伏表指示最大为止。

若中频变压器谐振频率偏离较大，可采用偏调信号发生器频率的方法找出谐振点，再把高频信号发生器的频率逐渐向 465kHz 位置靠近，同时调整中频变压器，直到其频率调准在 465kHz 位置上；若这样仍找不到谐振点，可将信号发生器输出的 465kHz 调幅信号分别由第二中放管基极、第一中放管基极、变频管基极输入，从后向前逐级调整中频变压器。

（2）调频率范围

我国标准规定，收音机中波段的接收频率范围为 525～1 605kHz，实际调整为 515～1 625kHz。对 515kHz 的调整叫做低端频率调整，对 1 625kHz 的调整叫做高端频率调整。

用高频信号发生器调整频率范围的方法如下。

① 把高频信号发生器输出的调幅信号接入具有开缝屏蔽管的环形天线，收音机与天线的距离为 0.6m 左右，如图 10-16 所示，接通电源。

② 把双联电容器全部旋入，指示在刻度盘的起始点，调整频率低端，将高频信号发生器的输出频率调到 520kHz，用无感改锥调整本机振荡线圈的磁芯，如图 10-17 所示，使外接毫伏表的读数到最大。

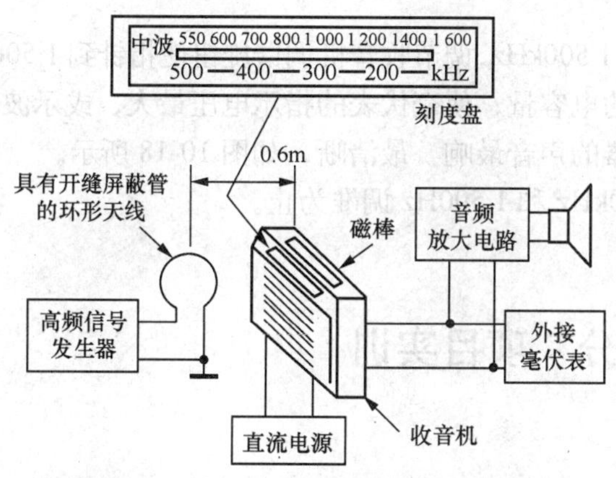

图 10-16 收音机与高频信号发生器接线图

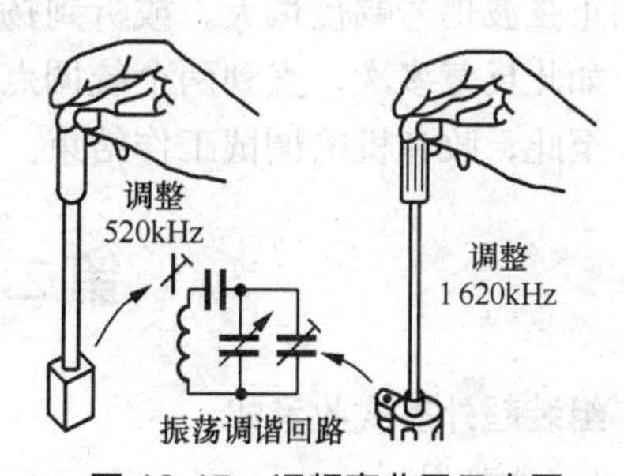

图 10-17 调频率范围示意图

③ 将高频信号发生器输出频率调到 1 620kHz，把双联可变电容器全部旋出，指示在刻度盘的终止点，用无感改锥调并联在双联电容器振荡联上的补偿电容器，如图 10-17 所示，使毫伏表读数最大。若高端频率高于 1 620kHz，可增大补偿电容器的容量；若高端频率低于 1 620kHz，则应减小补偿电容器的容量。由低端到高端反复调整几次，直到频率范围调准为止。

（3）统调

统调又称调灵敏度。根据统调理论，只要做到三点统调，就能使整个频率范围的统调误差最小，中波段的统调点一般为 600kHz、1 000kHz 和 1 500kHz。在实际调整中，中间点统调靠本振中的垫振电容来保证，只需统调头尾两点即可。调整时，低频端调整输入回路线圈在磁棒上的位置，高频端调整输入回路的微调电容器。统调有用高频信号发生器进行统调、利用广播台进行统调、利用专门发射的调幅信号进行统调以及利用统调仪进行统调 4 种。

用高频信号发生器统调的方法如下。

① 调节高频信号发生器的频率调节旋钮，使环形天线发送 600kHz 的标准高频信号，输出信号场强为 5mV/m 左右；调节收音机调谐旋钮使指针到 600kHz 的位置上；调节线圈在磁棒上的位置，使扬声器两端所接毫伏表的指示电压最大，或示波器显示的正弦波信号幅度最大，或听到扬声器的声音最响最清晰，如图 10-18 所示。

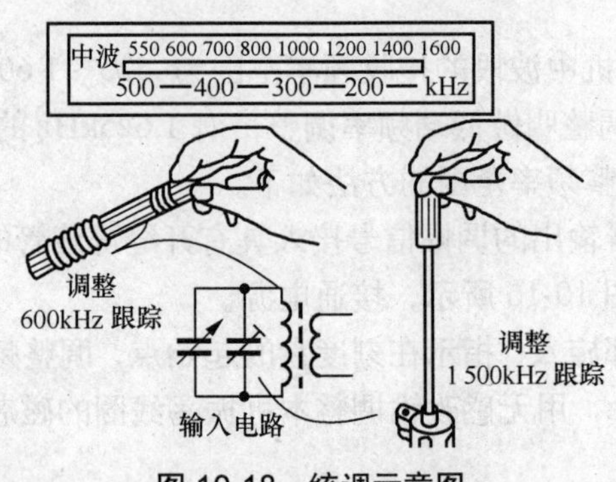

图 10-18　统调示意图

② 将高频信号发生器输出频率调到 1 500kHz，调节收音机调谐旋钮使指针到 1 500kHz 的位置上，调节输入回路的补偿电容器的电容量，使毫伏表的指示电压最大，或示波器显示的正弦波信号幅度最大，或听到扬声器的声音最响、最清晰，如图 10-18 所示。

如此反复多次，直到两个统调点 600kHz 和 1 500Hz 调准为止。

至此，收音机的调试工作结束。

第二部分　项目实训

一、组装超外差式收音机

1. 电路图

某超外差式收音机电路原理图如图 10-19 所示；印制电路板图如图 10-20 所示。

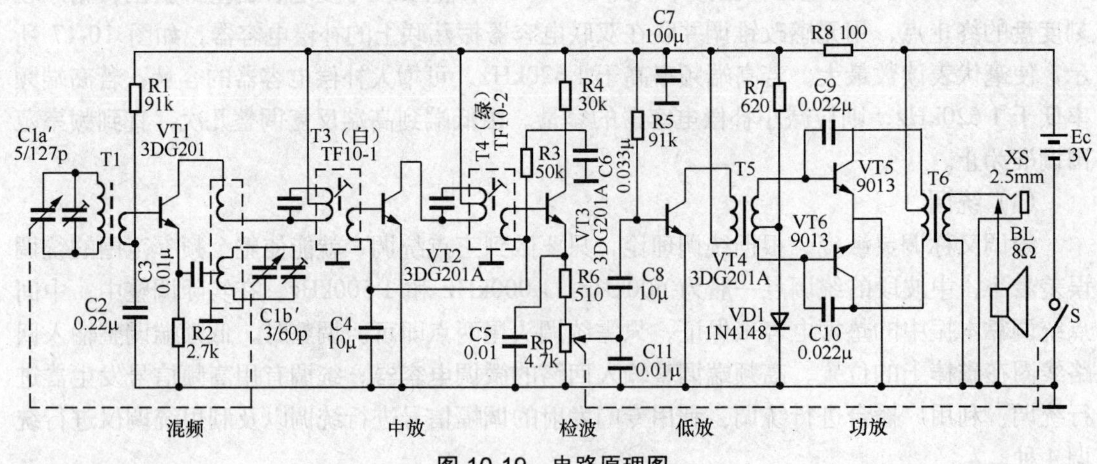

图 10-19　电路原理图

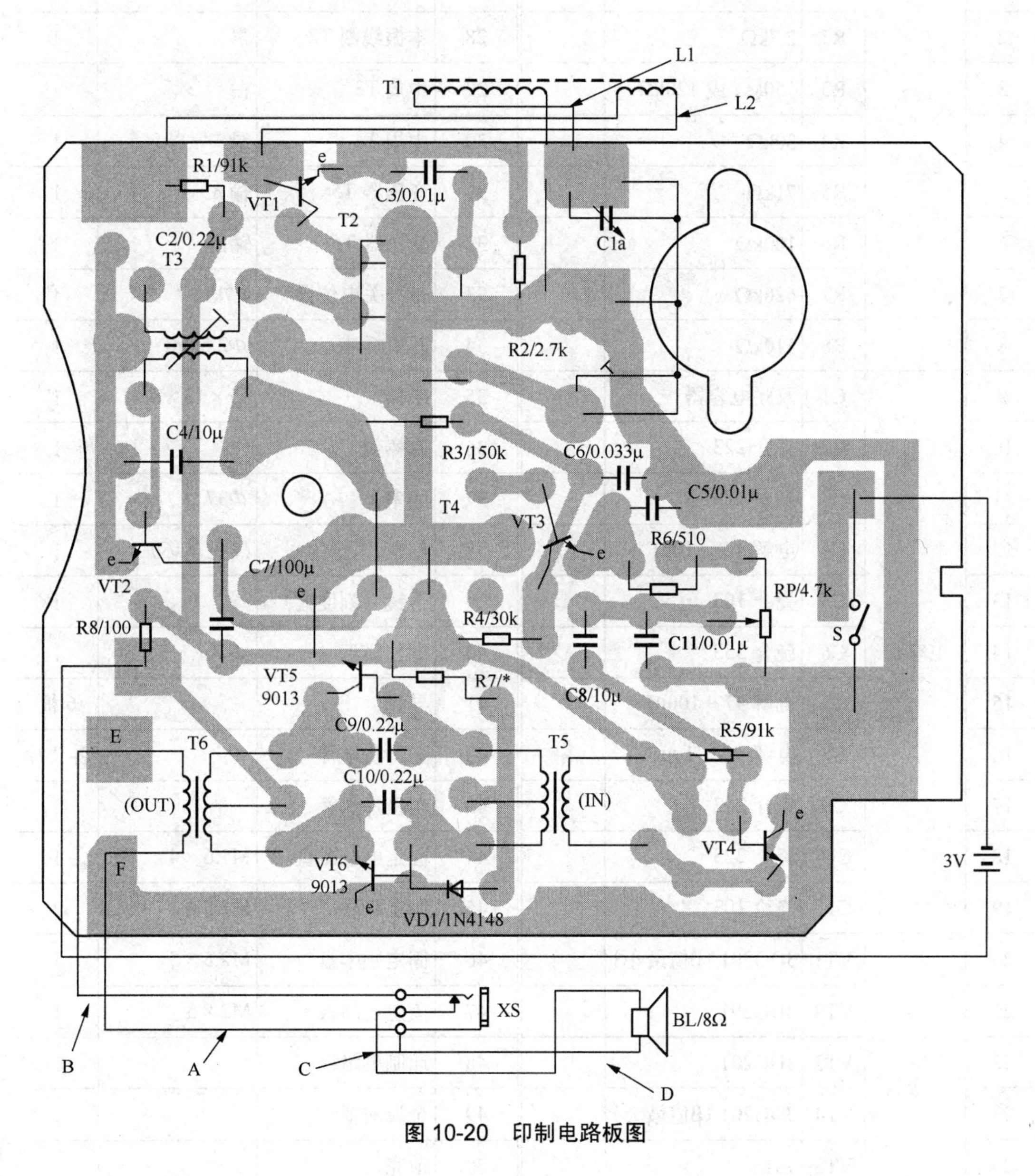

图 10-20 印制电路板图

2. 元器件

元器件参数及数量如表 10-4 所示。

表 10-4　　　　元器件参数及数量

序号	代号与名称		规　格	数量	序号	代号与名称	规　格	数量
1	电阻器	R1	71kΩ（或 82kΩ）		27	天线线圈 T1		1
2		R2	2.7kΩ		28	本振线圈 T2	黑	1
3		R3	150kΩ 或 120kΩ		29	中周 T3	白	1
4		R4	30kΩ		30	中周 T4	绿	1
5		R5	71kΩ		31	变压器 T5	输入	1
6		R6	100kΩ		32	变压器 T6	输出	1
7		R7	620kΩ		33	带开关电位器	4.7kΩ	1
8		R8	510kΩ		34	耳机插座	Φ2.5mm	1
9	电容器	C1	双联电容器		35	磁棒	55 × 13 × 5	1
10		C2	瓷介 223		36	磁棒架		1
11		C3	瓷介 103		37	频率盘	Φ37	1
12		C4	电解 4.7～10μF		38	拎带	黑色（环）	1
13		C5	瓷介 103		39	透镜（刻度盘）		1
14		C6	瓷介 333		40	电位器盘	Φ20	1
15		C7	电解 47～100μF		41	导线		6 根
16		C8	电解 4.7～10μF		42	正、负极片		各 2 片
17		C9	瓷介 223		43	负极片弹簧		2
18		C10	瓷介 223		44	固定电位器盘	M1.6 × 4	1
19		C11	涤纶 103		45	固定双联	M2.5 × 4	2
20	三极管	VT1	3DG201（β值最小）		46	固定频率盘	M2.5 × 5	1
21		VT2	3DG201		47	固定电路板	M2 × 5	1
22		VT3	3DG201		48	印制电路板		1
23		VT4	3DG201（β值最大）		49	金属网罩		1
24		VT5	7013		50	前壳		1
25		VT6	7013		51	后盖		1
26	二极管	VD1	1N4148		52	扬声器	8Ω	1

3．元器件检测

选择仪器、仪表，完成对元器件性能的检测，并将有关内容填写在表 10-5 中。

表 10-5　　元器件检测

元器件名称	元器件符号	所用仪器仪表	操 作 说 明
音频变压器			
中频变压器			
双联电容器			
三极管			

4. 装配

按表 10-6 所示内容进行收音机的组装，并说明操作过程。

表 10-6　　收音机的组装

单元电路	电路原理图	操 作 过 程
低频放大电路和功放电路		
检波电路和音量控制电路		
中放电路和自动增益控制电路		
变频电路		
输入调谐回路		

5. 调试

(1) 静态调整

根据表 10-7 所提供的各个三极管的电极对地电压（单位：V）的参考值（即静态工作点），测试整机电路的静态工作状况。该项检测工作非常重要，在开始正式调试前，该项工作必须做好。

表 10-7　　各三极管的三个极对地电压的参考值

工作电压 3V				整机工作电流 10mA		
三极管	VT1	VT2	VT3	VT4	VT5	VT6
E	1	0	0．056	0	0	0
B	1.54	0.63	0.63	0.65	0.62	0.62
C	2.4	2.4	1.65	1.85	2.8	2.8

(2) 动态调试

按表 10-8 所示内容进行收音机的动态调试，并说明操作过程。

表 10-8　　收音机的动态调试

类　型	使 用 方 法	操 作 过 程
中频调整		
频率范围调整		
统调		

二、组装串联型稳压电源（教师自定）

1. 电路图

串联稳压电源的电路原理图如图 10-21 所示。

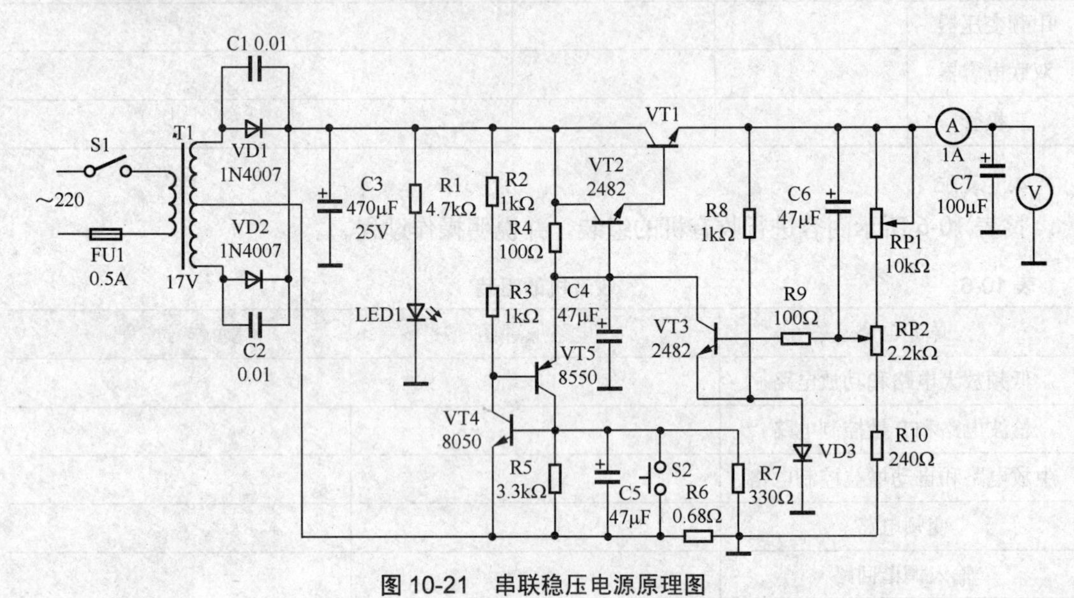

图 10-21 串联稳压电源原理图

2. 元器件

各元件的名称、参数及作用如表 10-9 所示。零部件的名称、数量及作用如表 10-10 所示。

表 10-9 各元件的名称、参数及作用

序 号	元件名称	元件参数	作 用
T1	变压器	双 17V	变压降压，把 220V 交流电压变为双 17V 交流电压
FU1	保险管座及保险管	0.5A	保护变压器和整个电路
S1	单刀双掷船形开关	6A/220V AC	控制稳压电源的通电与断电
S2	按钮复位开关		复位，使电源退出保护，输出原来调定电压
VD1、VD2	二极管	1N4007	整流，全波整流二极管，把交流电压变为脉动直流电压
C1、C2	电容器	0.01μF	旁路，旁路浪涌电流，保护 VD1、VD2
C3	电容器	470μF/25V	滤波，使纹波系数变小，把脉动直流电压变为平滑直流电压
C4	电容器	47μF/25V	滤波，电子有源滤波，滤波效果更好
C5	电容器	47μF/16V	防干扰，通交流，防误保护
C6	电容器	47μF/16V	反馈、滤波，快速反应电容

续表

序　号	元件名称	元件参数	作　　用
C7	电容器	100μF/16V	滤波，输出滤波
VT1	三极管	3DD15	电压调整，稳压输出
VT2	三极管	2SC2482	复合电流放大管，与 VT1 复合共同起调整作用
VT3	三极管	2SC2482	比较放大，把误差电压放大
VT4	三极管	2SC8050	组成单向晶闸管，过流保护
VT5	三极管	2SC8550	
R1	电阻器	4.7kΩ	为指示灯限流电阻，色环为黄、紫、黑、棕、棕
R2、R3	电阻器	1kΩ	VT4 集电极负载，色环为棕、黑、黑、棕、棕
R4	电阻器	100Ω	VT2 的基极上偏置；VT3 的集电极负载；色环为棕、黑、黑、黑、棕
R5	电阻器	3.3kΩ	VT4 基极下偏置电阻，色环为橙、橙、黑、棕、棕
R6	电阻器	0.68Ω/1W	过流保护取样电阻，决定输出最大电流，色环为蓝、灰、银、金
R7	电阻器	330Ω	VT4 的基极上偏置电阻，色环为橙、橙、黑、黑、棕
R8	电阻器	1kΩ	基准电路限流电阻，色环为棕、黑、黑、棕、棕
R9	电阻器	100Ω	限流电阻，保护 VT3，色环为棕、黑、黑、黑、棕
R10	电阻器	240Ω	取样电路电阻，与 RP1、RP2 组成串联分压取样电路，色环为红、黄、黑、黑、棕
RP1	电位器	10kΩ	调节输出电压和输出电压范围
RP2	电位器	2.2kΩ	
LED1	发光二极管		指示电源

表 10-10　　零部件的名称、数量及作用

编号	名称及规格	数量	作　　用
1	外壳（上、下）	1 套	固定电路板及零部件
2	电源线	1 根	连接电源，把 220V 送给稳压电源
3	红色接线柱	1 个	输出电源正极
4	黑色接线柱	1 个	输出电源负极
5	15V 电压表	1 块	指示输出电压
6	1A 电流表	1 块	指示输出电流
7	焊片	6 个	焊接导线后，便于与表头、接线柱连接，且接触良好
8	指示灯	1 个	指示电源

续表

编号	名称及规格	数量	作　用
9	电路板紧固架	2个	固定电路板
10	穿线垫圈	1个	保护电源线
11	螺丝 3×10，螺钉帽 11 个，垫片 22	11套	固定电压表、电流表、变压器、三极管接线柱等
12	电路板	1块	安装元件
13	散热片	1块	保护大功率调整管
14	焊接线 23 根	1套	连接导线
15	套管 3×20mm	10个	绝缘材料
16	套管 3×25mm	2个	绝缘材料
17	套管 4×25mm	4个	绝缘材料
18	电位器电压调节旋钮	1个	方便调节电压
19	自攻螺钉	6个	固定外壳
20	垫脚	4个	保护外壳
21	电路板支架	2个	固定电路板

3. 测量、装配

按电路原理图及装配图（如图 10-22 所示），选择合适的仪器、仪表和工具完成组装。

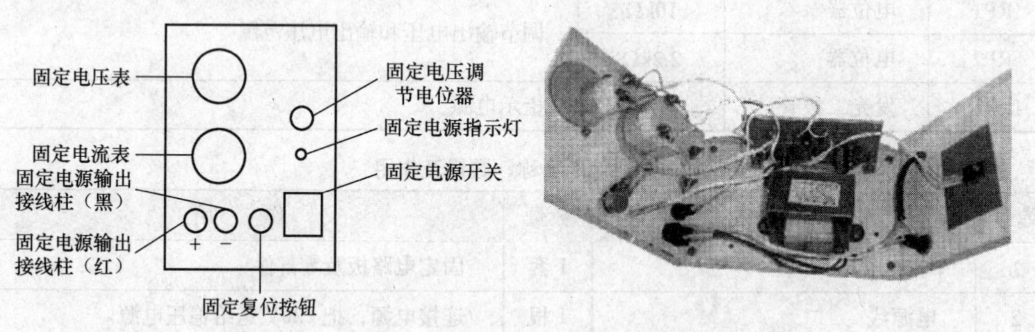

图 10-22　表头、电位器、开关、接线柱和指示灯装配图

4. 调试

（1）静态调试

用 47 型万用表测试表 10-11 中所列项目，并做好记录。

表 10-11 静态调试

类型	万用表挡位	测试内容	
		正向	反向
变压器初级回路			
整流输出端对地电阻			
滤波输出端对地电阻			
电源输出端对地电阻			
滤波输出端电压			
电源输出端电压			

（2）动态调试

用小改锥调节电位器 RP1，用手旋转电位器 RP2，调节它们的电阻值，电压表上输出电压的数值连续可调的变化范围是（　　~　　）V。

附录A 安全用电相关标志

禁止合闸线路有人工作标志

有 电
危 险

有电危险标志

送电

送电标志

停 电

停电标志

已接地

已接地标志

止步
高压危险

止步高压危险标志

设备
正在运行

设备正在运行标志

设备在检修标志

严禁
违章操作

严禁违章操作标志

消防器材
禁止挪动

消防器材禁止挪动标志

禁止攀牵线缆标志

待更换 禁止启动标志

待维修 禁止操作标志

正在维修 禁止操作标志

当心触电标志

当心电缆标志

当心静电标志

注意
防静电保护区

防静电保护区标志

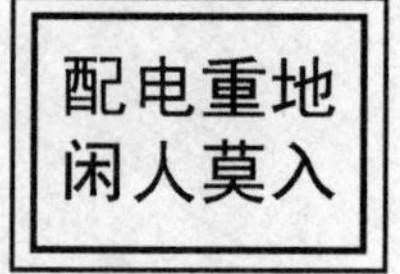

配电重地闲人莫入标志

必须接地标志

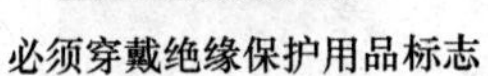

必须穿戴绝缘保护用品标志

必须拔出插头标志

从此上下标志

在此工作标志

附录 B　国产半导体器件型号命名法

国产半导体器件型号命名由 5 部分组成，如附图 1 所示；其符号及意义如附表 1 所示。

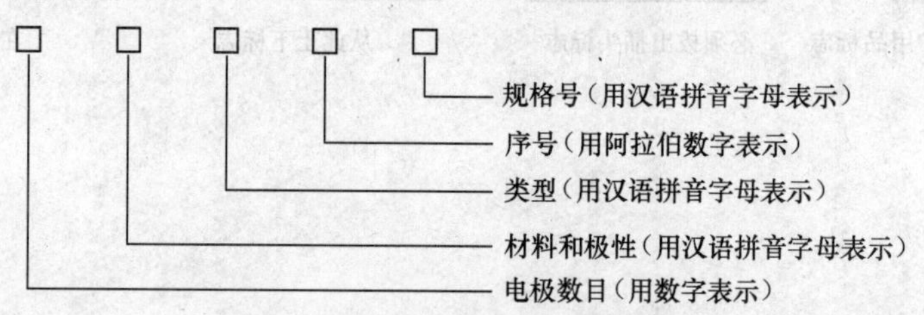

附图 1　国产半导体器件型号组成

附表 1　　国产半导体器件型号命名方法

第一部分		第二部分		第三部分					
符号	意义	符号	意义	符号	意义	符号	意义	符号	意义
2	二极管	A	N 型，锗材料	P	普通管	X	低频小功率管	A	高频大功率管
		B	P 型，锗材料	V	微波管				
		C	N 型，硅材料	W	稳压管				
		D	P 型，硅材料	C	参量管				
3	三极管	A B C D	PNP 型，锗材料 NPN 型，锗材料 PNP 型，硅材料 NPN 型，硅材料	Z	整流管	G	高频小功率管	CS	场效应器件
				L	整流堆				
				S	隧道管			FH	复合管
				U	光电管				
				K	开关管	D	低频大功率管	JB	激光器件
				T	可控硅				
				B	雪崩管			BT	半导体特殊器件
				N	阻尼管				

例如：2AP9—2 表示二极管，A 表示 N 型、锗材料，P 表示普通管，9 表示序号。

附录 C　国产集成电路型号命名法

我国集成电路的型号由 5 个部分组成，各部分符号及意义如附表 2 所示，示例如附图 2 所示。

附表 2　　国产集成电路各组成部分的意义

第零部分		第一部分		第二部分	第三部分		第四部分	
用字母表示器件符合国家标准		用字母表示器件的类型		用阿拉伯数字和字母表示器件系列品种	用字母表示器件的工作温度范围		用字母表示器件的封装	
符号	意义	符号	意义		符号	意义	符号	意义
C	中国制造	T	TTL 电路		C	0℃～70℃	F	多层陶瓷扁平
		H	HTL 电路		G	−25℃～70℃	B	塑料扁平
		E	ECL 电路		L	−25℃～85℃	H	黑瓷扁平
		C	CMOS 电路		E	−40℃～85℃	D	多层陶瓷双列直插
		M	存储器		R	−55℃～85℃	J	黑瓷双列直插
		μ	微型机电路		M	−55℃～125℃	P	塑料双列直插
		F	线性放大器				S	塑料单列直插
		W	稳压器				T	金属圆壳
		B	非线性电路				K	金属菱形
		J	接口电路				C	陶瓷芯片载体
		AD	A/D 转换器				E	塑料芯片载体
		DA	D/A 转换器				G	网格陈列
		D	音响电视电路					
		SC	通信专用电路					
		SS	敏感电路					
		SW	钟表电路					

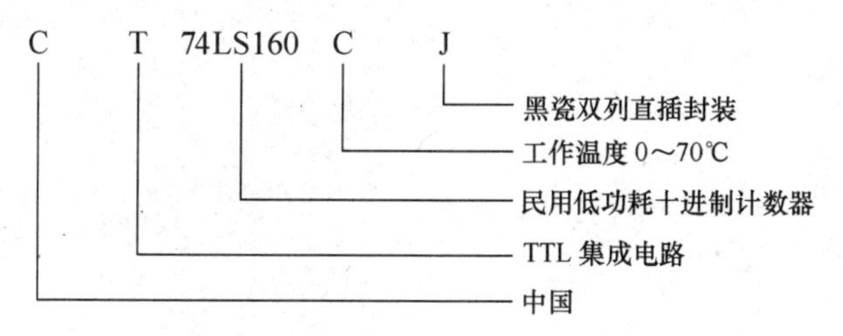

附图 2　国产集成电路型号示例图

参 考 文 献

[1] 蔡清水，杨承毅.电气测量仪表使用实训[M].北京：人民邮电出版社，2009.
[2] 杨承毅.电子元器件的识别和检测[M].北京：人民邮电出版社，2010.
[3] 王成安.电子产品生产工艺与生产管理 [M].北京：人民邮电出版社，2010.
[4] 陈其纯.电子线路[M].北京：高等教育出版社，2001.